Dieter Schulz

Das inoffizielle Sat-Antennen Buch

DIETER SCHULZ

DAS INOFFIZIELLE SAT-ANTENNEN BUCH

Mit 156 Abbildungen

FRANZIS

Bibliografische Information der Deutschen Bibliothek
Die Deutsche Bibliothek verzeichnet diese Publikation in der Deutschen Nationalbibliografie; detaillierte Daten sind im Internet über **http://dnb.ddb.de** abrufbar.

Hinweis
Alle Angaben in diesem Buch wurden vom Autor mit größter Sorgfalt erarbeitet bzw. zusammengestellt und unter Einschaltung wirksamer Kontrollmaßnahmen reproduziert. Trotzdem sind Fehler nicht ganz auszuschließen. Der Verlag und der Autor sehen sich deshalb gezwungen, darauf hinzuweisen, dass sie weder eine Garantie noch die juristische Verantwortung oder irgendeine Haftung für Folgen, die auf fehlerhafte Angaben zurückgehen, übernehmen können. Für die Mitteilung etwaiger Fehler sind Verlag und Autor jederzeit dankbar.
Internetadressen oder Versionsnummern stellen den bei Redaktionsschluss verfügbaren Informationsstand dar. Verlag und Autor übernehmen keinerlei Verantwortung oder Haftung für Veränderungen, die sich aus nicht von ihnen zu vertretenden Umständen ergeben. Evtl. beigefügte oder zum Download angebotene Dateien und Informationen dienen ausschließlich der nicht gewerblichen Nutzung. Eine gewerbliche Nutzung ist nur mit Zustimmung des Lizenzinhabers möglich.

Herausgeber: Ulrich Dorn
Satz: G&U Language & Publishing Services GmbH, Flensburg
art & design: www.ideehoch2.de
Druck: Bercker, 47623 Kevelaer
Printed in Germany

ISBN 978-3-7723-**6257-6**

1 Montage der Sat-Antenne

Nicht jeder, der eine Sat-Antenne montieren könnte, kann sich damit anfreunden. Schuld daran sind häufig die oftmals schlecht gewählten Montagelösungen in der Nachbarschaft. Beinahe bei jedem Haus findet sich eine Stelle, an der sich die Schüssel unauffällig installieren lässt. Für guten terrestrischen Empfang muss die Antenne möglichst hoch montiert werden. Diese Regel gilt vor allem bei unzureichenden Empfangsbedingungen. Beim Satellitenfernsehen spielt sie keine Rolle mehr, wodurch eine wesentlich höhere Flexibilität bei der Wahl des Montageorts erreicht wird. Einzige Voraussetzung ist die freie Sicht zum Satelliten. Neben dem Dach bieten sich unter anderem die Hauswand, aber auch der Garten an.

Namhafte Hersteller bieten ihre Sat-Antennen in mehreren Farben an. Häufig sind es Weiß-, Rot- und Grautöne – so müssen Sie auf einem roten Dach nicht unbedingt eine weiße Satellitenschüssel montieren. Von feinmaschigen Gitterantennen, so wie sie gelegentlich als Schnäppchen in diversen Großmärkten angeboten werden, ist allerdings abzuraten. Sie sind zwar weitgehend »unsichtbar«, empfangen aber schlechter als gleich große solide Satellitenspiegel. Außerdem verfügen diese Antennen häufig nur über eine geringe Verarbeitungsqualität, wodurch sie häufig schon nach kurzer Zeit dem Rostfraß zum Opfer fallen.

Es gibt viele Möglichkeiten, eine Satellitenantenne unauffällig zu montieren. Entscheidend sind dabei die Farben der Hauswände und des Dachs. Oft versäumt es der Verkäufer, seine Kunden darauf aufmerksam zu machen. Daraus ergeben sich für ihn durchaus Vorteile: Etwa, indem er einfach das verkauft, was er ohnehin auf Lager hat. Ein Spiegel in anderer Farbe muss häufig erst bestellt werden.

1.1 Wandmontage – die einfachste Lösung

Wird die Wahl des Montageorts dem Installateur überlassen, wird sich dieser mitunter für die am einfachsten zu realisierende Lösung entscheiden. Ein Grund dafür kann sein, die auftretenden Kosten so gering wie möglich zu halten. Wird nur schnell eine Wandhalterung im Nahbereich des Wohnzimmers angeschraubt, benötigen Sie meist nur eine Anlegeleiter, und die Bohrung für die Antennenleitung ins Wohnzimmer ist in Minutenschnelle hergestellt. Auch das kurze Antennenkabel ist in null Komma nichts verlegt. Damit reduzieren sich Arbeitszeit und der erforderliche Materialaufwand auf ein Minimum. Den vermeintlich günstigen Preis erkauft man sich mitunter, indem die Satellitenantenne für alle gut sichtbar am Haus hängt. Der Fernsehempfang ist mit ihr zwar einwandfrei, aber ob einem diese Lösung durch den nun entstandenen negativen Gesamteindruck des Gebäudes zusagt, ist eine andere Geschichte.

Bild 1.1 Selbst Wandmontagen lassen sich unauffällig vornehmen, wenn die Schüssel an die Farbe der Hauswand angepasst wird.

An Wänden fügt sich eine Satellitenschüssel am besten ein, wenn sie etwa mittig zwischen zwei Fenstern montiert wird. Das verleiht der Hausfront ein gefälliges Aussehen, und der Spiegel wird nicht als störend empfunden. Gelegentlich sieht man auch an einer Seitenwand montierte Spiegel, die dem Haus den Eindruck verleihen, es hätte ein Ohr bekommen. Von dieser Montagemöglichkeit ist dem Kunden möglichst abzuraten, denn dadurch wird ein Haus ziemlich verschandelt.

1.2 Dachinstallation – unauffällig, aber teuer

Wesentlich unauffälliger ist die Montage am Dach, und zwar gleich aus mehreren Gründen. Dort sind Spiegel schon allein deshalb so gut wie unsichtbar, weil die meisten Leute normalerweise nicht nach oben schauen. Hat zudem der Reflektor ungefähr die die gleiche Farbe wie das Dach, fällt er ohnehin nur bei genauem Hinsehen auf. Dachinstallationen sind dafür aber auch teurer. Wenn noch kein Antennenmast vorhanden ist, muss dieser erst gesetzt werden. Der

Installationsaufwand, etwa für die Kabelverlegungen, ist ebenfalls höher. Außerdem lassen sich Arbeiten am Dach nicht ohne Weiteres bei jeder Witterung durchführen. Wenn die Dachfront gut einzusehen ist, empfehlen sich rote oder dunkelgraue Spiegel. Sie entsprechen der Farbe der meisten bei uns anzutreffenden Dächer. Ferner muss die Antenne so tief montiert werden, dass sie an keiner Stelle über die Dachoberkante hinausragt. Damit fällt sie Passanten nur bei genauem Hinsehen auf.

Oft bietet sich auch an, die Antenne an der Hinterseite des Dachs zu montieren. Dabei sind jedoch die Elevation des zu empfangenden Satelliten und die Höhe des Dachs zu berücksichtigen. Astra steht im süddeutschen Raum etwa 35° über dem Horizont. In Norddeutschland sind es nur noch etwa 27°. Die von der Unterkante des Reflektors gedachte Linie zum Dachgiebel muss kleiner oder gleich dem Elevationswinkel am Standort sein. So ist gewährleistet, dass die gesamte Schüsselfläche ungehinderte Sicht zum Satelliten hat. Bei der Dachmontage sind auch die örtlich zu erwartenden Schneemengen zu berücksichtigen. In schneeärmeren Gegenden reicht es mitunter schon, zwischen Dach und Sat-Antennenunterseite 20 bis 40 cm Freiraum zu lassen.

Bild 1.2 Satellitenspiegel lassen sich auf Dächern unauffällig montieren. Meist sind sie nicht so leicht einsehbar, und es schaut ohnehin kaum jemand nach oben.

INFO!

Elevation

Die Elevation ist die Schräge, angegeben in Winkelgraden, mit der ein Satellit über dem Horizont steht.

1.3 Montage unter dem Dachgiebel

Eine weitere Variante der Schüsselmontage ist die unter dem Dachgiebel. Dem Wunsch, die Antenne hier möglichst weit oben zu montieren, kann nur zum Teil entsprochen werden. Auch hier sind die Elevationswinkel zu berücksichtigen, allerdings von der Oberkante des Reflektors gemessen. Je weiter das

Dach über die Hauswände hinausragt, umso größer ist die Gefahr, dass die Schüssel ganz oder teilweise vom Dachvorsprung verdeckt wird. Es ist nicht sinnvoll, wenn eine installierte 90-cm-Antenne nur noch den Wirkungsgrad einer 50er-Schüssel hat.

Je weiter der Dachvorsprung nach vorne ragt, umso weiter muss die Schüssel nach unten gerückt werden. Höhe gewinnt man aber auch, wenn man anstelle einer kleinen eine größere Wandhalterung mit längerem Montagearm verwendet. Mit ihnen erreicht man einen Abstand zwischen Reflektor und Hausmauer von bis zu einem Meter.

1.4 Der richtige Antennenstandort

Bei der Wahl des geeigneten Antennenstandorts sind nicht nur ästhetische Kriterien zu berücksichtigen. Mindestens genauso wichtig ist die stets freie Sicht zum Satelliten. Sie garantiert einwandfreien Empfang. Damit das auch so bleibt, muss schon vor der Antennenmontage ein geeigneter Standort ausgewählt werden. Während umliegende Gebäude in der Regel ausreichend berücksichtigt werden, wird Bäumen und Ziersträuchern meist nur geringe Beachtung geschenkt. Sie werden nämlich mit der Zeit nicht nur größer, sondern auch breiter. Auch Bewegungen der Äste im Wind sind nicht zu unterschätzen. Ist der Standort der Schüssel nahe eines großen Baums, kann das wechselhafte Empfangsresultate mit sich bringen. Jedes Mal, wenn sich, etwa bei einem Sturm, schwankende Äste zu sehr zwischen Satellit und Spiegel schieben, bricht der Empfang kurzfristig zusammen.

INFO!

Das ist bei der Montage im Winter zu beachten

Besondere Gefahr besteht auch, wenn die Sat-Anlage während des Winters montiert wird. Nicht nur ein vereistes Dach ist hier eine Gefahrenquelle, man verschätzt sich auch gerne, wenn es darum geht, die Fülle eines Laubbaums zu beurteilen. Es gibt viele Leute, die ein Lied davon singen können, wie der Sat-Empfang mit dem Sprießen der Blätter im Frühling von Tag zu Tag schlechter wurde. Das Problem lässt sich nur beseitigen, indem man Bäume oder Sträucher zurechtstutzt. Da sie wieder nachwachsen, führt das zu keiner dauerhaften Lösung. Ratsamer ist es für die Sat-Antenne von Anfang an einen geeigneteren Standort zu wählen.

2 Multifeed-Empfang mit Minispiegel

Dass zuverlässiger Astra-Satellitenempfang im deutschsprachigen Raum erst ab rund 60 cm Durchmesser gelingt, ist eine alte Weisheit, die auch heute noch ihre Gültigkeit hat. Seit vielen Jahren gibt es aber auch kleinere Antennen mit rund 35 bis 45 cm Durchmesser. Sie sind meist für Campingurlauber gedacht und als Schönwetterschüsseln bekannt. Schlechtwetterreserven besitzen sie kaum, was vor allem bei Wetterlagen wie Regen, Schneefall oder besonders dichten Wolken den Empfang empfindlich beeinträchtigen kann. Seit einigen Jahren wirbt ein deutscher Hersteller dafür, dass Schüsseln üblicher Größe nicht länger nötig sein müssen. Seine 33-cm-Antenne sei für den Empfang von Astra auf 19,2° Ost mehr als ausreichend. Ferner bietet er eine 45-cm-Antenne für Multifeed-Empfang an. Das Herzstück dieser kleinen 45-cm-Schüssel ist eine Empfangseinheit, die parallel vier Satellitenpositionen, nämlich Hot Bird 13° Ost, Astra 19,2° Ost, Astra 23,5° Ost und Astra 28,5° Ost, empfangen kann. Die Empfangseinheit besteht aus vier Universal-LNBs mit einer typischen Rauschzahl von 0,4 dB sowie einem bereits eingebautem DiSEqC-Schalter. An der Antenne braucht so nur ein einziges Antennenkabel angeschlossen zu werden.

2.1 Schönwettertest: David gegen Goliath

Bislang wurden für eine Multifeed-Antenne Durchmesser von etwa 90 cm empfohlen. Sie garantieren solide Empfangsresultate bei ausreichender Schlechtwetterreserve. Aber auch die Werbung für die 45-cm-Spiegel verspricht ungehinderten Zugang zu allen auf den vier angepeilten Satelliten ausgestrahlten Sendern, frei nach dem Motto: Warum einen großen Spiegel nehmen, wenn es kleiner noch besser geht. Handelt es sich bei dieser Minischüssel um ein Antennen-Wunder? Oder sind die in die Minispiegel gesteckten Erwartungen höher, als sie tatsächlich zu erfüllen imstande ist? Um diese Frage zu beantworten, haben wir sie einem rund zwölfmonatigem Praxistest unterzogen und unsere Erfahrungen mit einer drehbaren 90-cm-Antenne verglichen.

Auf Astra 19,2° Ost

Bei einer durchschnittlichen Schönwetterlage mit einzelnen dünnen Wolken am Himmel gibt es auf Astra 19,2° Ost keine Beanstandungen. Alle eingelesenen Kanäle funktionieren einwandfrei. Auffallend sind die zum Teil etwas ungewohnt langen Umschaltzeiten beim Wechsel von einem Transponder zum nächsten. Es scheint sich dabei um Folgeerscheinungen etwas geringer Signalpegel zu handeln. Immerhin bewegen sich die Qualitätspegel nur auf mittlerem Niveau, was zeigt, dass hier nicht wirklich viele Systemreserven vorhanden sind. An unserer 90-cm-Schüssel ermitteln wir im Durchschnitt einen rund 2 bis 3 dB höheren Nutzsignalpegel.

Auf Hot Bird 13,0° Ost

Auch auf Hot Bird funktionieren alle Kanäle. Die Signalstärken sind mitunter aber unerwartet gering und somit deutlich schwächer als auf 19,2° Ost. Dabei kann es, selbst bei an und für sich noch gutem Wetter, bereits zu ersten gelegentlichen Klötzchenbildungen kommen.

Auf Astra 23,5° Ost

Auf Astra 23,5° Ost erleben wir unsere ersten negativen Überraschungen. Bei weitem nicht alle eingelesenen Kanäle sind am Bildschirm zu sehen. Auf 11,914 GHz H, dem Transponder, über den niederländische Lokal-TV-Stationen und Radios übertragen werden, reicht es nur für Klötzchenbildungen ohne erkennbare Inhalte. Bei den auf 23,5° Ost in SCPC ausgestrahlten Sendern, wie K-TV, bleibt der Bildschirm überhaupt dunkel. Als halbwegs immun gegen Schlechtwetter erweist sich nur der Sat1-Regionaltransponder. Auf allen anderen Kanälen kann man nicht sicher sein, dass diese bei Regen noch funktionieren. Auf dieser Orbitposition kann man gerade einmal rund ein Drittel der frei empfangbaren Kanäle nutzen. Da auch hier leistungsstarke Direktempfangssatelliten positioniert sind, überzeugen uns hier die Empfangsleistungen der Miniantenne nicht. Mit der 90er-Schüssel sind auf 23,5° Ost alle Programme ohne Beanstandungen mit ausreichenden Reserven zu bekommen.

Auf Astra 28,5° Ost

Auf der britischen Astra-Position 28,5° Ost scheint der Empfang in Ordnung zu sein. Jedoch finden wir beim Zappen immer wieder einzelne Transponder mit ruckelnden Bildern und vereinzelten Klötzchenbildungen. Auch beim Ton machen sich kurze Aussetzer bemerkbar. Hier zeigt sich, wie auch schon auf 23,5° Ost, dass kaum Systemreserven vorhanden sind. Die geringen Pegelunterschiede der verschiedenen Transponder machen sich deutlich bemerkbar. Jene, die mit etwas schwächerem Pegel ankommen, sind zum Teil selbst bei strahlend blauem Himmel störungsbehaftet oder überhaupt nicht zu sehen. Wenn man keinen Vergleich zu größeren Antennen hat, mag man mit den Resultaten zufrieden sein. In der Praxis sehen wir mit unserer 90er-Schüssel auf der britischen Astra-Position jedoch wesentlich mehr.

2.2 Das zeigt der Schönwetter-Vergleichstest

Der Schönwetter-Vergleichstest zeigt, wie viele Sender auf den einzelnen Satellitenpositionen mit ein und demselben Receiver jeweils mit einer guten 90-cm- und der 45-cm-Miniatur-Multifeed-Antenne eingelesen werden. Die Anzahl der gefundenen Stationen gibt dabei noch keine Auskunft darüber, ob auch tatsächlich alle Sender mit der kleineren Antenne einwandfrei zu sehen sind. Besonders abseits des »deutschen« Astra auf 19,2° Ost reichen die Pegel nicht immer für eine einwandfreie Wiedergabe. Deshalb gibt es auf verschiedenen Programmspeicherplätzen nur einen schwarzen Bildschirm oder bestenfalls Klötzchenbildungen zu sehen. Am besten sind die Resultate bei einwandfreiem Wetter. Schon bei verhältnismäßig geringer Bewölkung vermindert sich die Anzahl der verfügbaren Kanäle beträchtlich.

In weiten Teilen Deutschlands ist der Empfang der populären Kanäle von BBC und ITV auf 28,2° Ost nur mit erhöhtem Antennenaufwand realisierbar. Hier kann die kleine Multifeed-Antenne ebenfalls keine Wunder bewirken. Funktioniert der Empfang mit einer herkömmlichen 75-cm-Antenne nicht, kann er mit noch kleineren Schüsseln, wie eben unserer Multifeed-Antenne, erst recht nicht funktionieren. Dabei ist außerdem zu berücksichtigen, dass bei Multifeed-Antennen zumindest drei Satelliten schielend empfangen werden.

Je weiter ein LNB außerhalb des Schüsselbrennpunkts montiert ist, umso geringer ist der Wirkungsgrad, womit bei unserer 45-cm-Multifeed-Antenne, speziell auf 28,2° Ost, bei Weitem nicht mehr von der vom Satelliten abgestrahlten Signalstärke profitiert werden kann. Speziell hier kommen selbst bei Schönwetter nur noch die stärksten Transponder einwandfrei auf den Bildschirm.

INFO!

LNB

Empfangseinheit im Brennpunkt der Sat-Schüssel. Sie wandelt die empfangenen Satellitensignale so um, dass sie über Antennenkabel über größere Entfernungen hinweg zum Sat-Receiver transportiert werden können.

Die nachfolgende Tabelle zeigt, dass, selbst unter günstigen Voraussetzungen, auf keinem Satelliten mit beiden Antennen gleich viele Sender eingelesen wurden. Alle Scans wurden mit dem gleichen Receiver vorgenommen. Die Abweichungen auf 19,2° Ost und 13° Ost lassen sich mit Ungenauigkeiten der automatischen Sendersuche erklären. Dieser Effekt ist durchaus üblich. Viele Sat-Receiver finden an einer Antenne selbst bei unmittelbar hintereinander durchgeführten Scans kaum gleich viele Sender. Die Abweichungen sind jedoch nur marginal.

Satellitenposition	90-cm-Antenne	45-cm-Multifeed-Antenne
Astra 19,2° Ost	1.268/507 (TV/Radio)	1.241/479 (TV/Radio)
Hot Bird 13° Ost	914/284 (TV/Radio)	909/280 (TV/Radio)
Astra 23,5° Ost	96/48 (TV/Radio)	57/35 (TV/Radio)
Astra 28,2° Ost	656/223 (TV/Radio)	265/112 (TV/Radio)

Überragend sind die ermittelten Signalstärken jedenfalls nicht. Sie bewegen sich bei den meisten Sendern zwischen etwa 5,2 und 5,9 dB Nutzsignalstärke über Grundrauschen. Die gelbe Farbe der Signalbalkenanzeige attestiert dabei bereits eine unzureichende Signalreserve. Sie genügt zwar für einwandfreie Wiedergabe, zeigt aber, dass nicht mehr viel Spielraum enthalten ist.

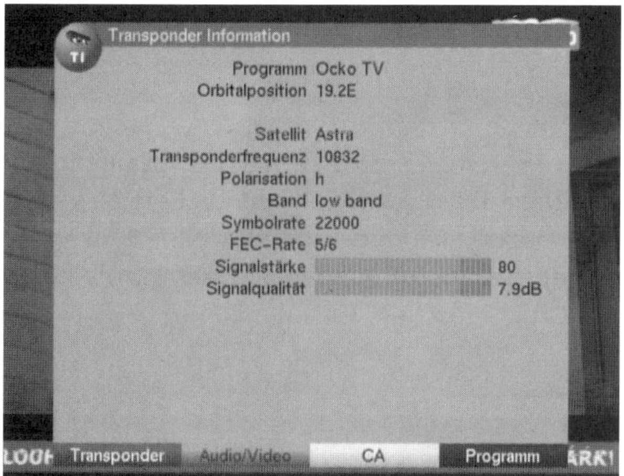

Bild 2.1 Nur bei ausreichend starker Signalqualität erscheint der zugehörige Balken in Grün. Auf 19,2° Ost ist das nur selten der Fall.

Besonders drastisch erscheint dies beim ZDF-Transponder, der mit nur 4,3 dB Signalpegel schon erschreckend schwach empfangen wird und somit zu den Kandidaten zählt, von denen wir uns bei Schlechtwetter zuerst verabschieden müssen. Nur bei einer Handvoll Transponder liegt die Pegelanzeige im grünen Bereich, was auch durch Pegel von bis zu etwa 8 dB unterstrichen wird. Interessante deutschsprachige Sender profitieren davon jedoch nicht.

INFO!

Transponder

Ein Transponder ist ein Kanal mit definierter Frequenzbandbreite. In analoger Technik können pro Transponder ein TV-Programm und mehrere Tonkanäle übertragen werden. In digitaler Technik finden, je nach den Qualitätsansprüchen der Sender, 5 bis 10 TV-Programme pro Transponder Platz.

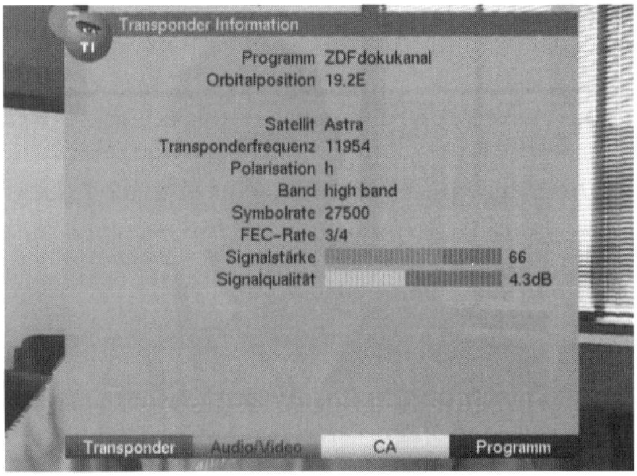

Bild 2.2 Obwohl auf Astra 19,2° Ost alle Sender einwandfrei funktionieren, zeigt die Signalanzeige bei den meisten Sendern nur durchschnittliche Signalstärken. Sie arbeiten nur im schon etwas bedenklichen gelben Bereich.

Nicht mehr ganz so rosig präsentiert sich Hot Bird auf 13° Ost. Während auf dem deutschen Astra durchaus einige Transponder im grünen Bereich liegen, haben wir solche auf der Eutelsat-Position kaum gefunden. Im Durchschnitt ist hier der Signalpegel um rund 1 dB geringer und schwankt meist zwischen 4 und 5 dB Nutzsignalpegel über Grundrauschen. Gelegentlich bewegt er sich auch nur im 3-dB-Bereich, manchmal geht er auch über 5 dB.

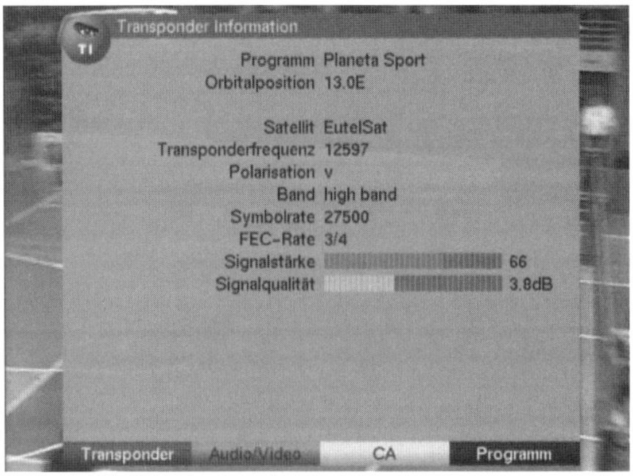

Bild 2.3 Auf Hot Bird sind die Signalpegel durchweg etwas geringer als auf Astra 19,2° Ost. Meist bewegen sie sich zwischen 4 und 5 dB.

Unverkennbar ist jedoch, dass die Entwickler der kleinen Multifeed-Antenne das Hauptaugenmerk auf Astra 19,2° Ost gelegt haben. Auf dieser Position finden sich zumindest die größten Empfangsreserven. Bei sich verschlechternden Witterungsverhältnissen fällt demnach Hot Bird etwas früher als Astra aus. Die geringen Signalpegel auf dieser Orbitposition zeigen sich auf einigen Transpondern, auf denen sie nur an die 2,2 dB erreichen. Hier grenzte es an ein Wunder, dass diese Sender während unserer Beobachtungen dennoch einwandfrei liefen. Aus Erfahrung ist uns zumindest bekannt, dass eben in diesem Bereich etwa die Grenze zur Klötzchenbildung liegt.

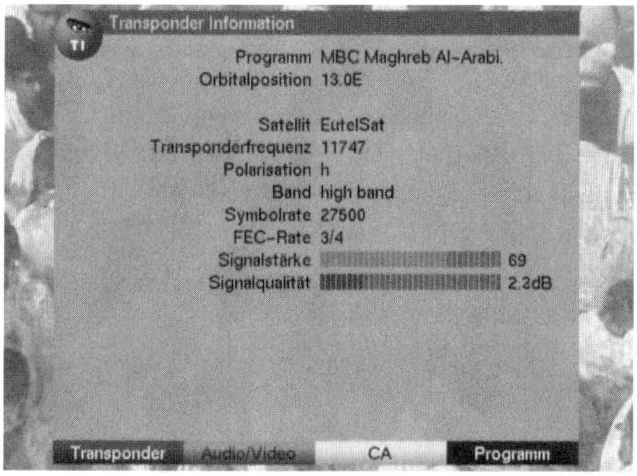

Bild 2.4 Bei einigen Kanälen grenzt es an ein Wunder, dass sie noch einwandfrei laufen. Ihr Nutzsignalpegel ist jedenfalls so gering, dass jederzeit mit einem Ausfall zu rechnen ist.

Auf 23,5° Ost lässt sich die Differenz jedoch nicht mehr auf diesen Umstand zurückführen. 40 % weniger eingelesene Kanäle lassen bereits auf ernsthafte Empfangsprobleme schließen. Dass für den Multifeed-Empfang mit einer Kleinstantenne hier ein hoher Preis zu bezahlen ist, zeigt sich zudem an den erschreckend niedrigen Pegeln auf dieser Position. Sie liegen selbst bei den stärkeren Kanälen nur geringfügig über 3 dB. Hier kann man bestenfalls von brauchbarem Schönwetterempfang sprechen, den wir während unserer Tests auch hatten.

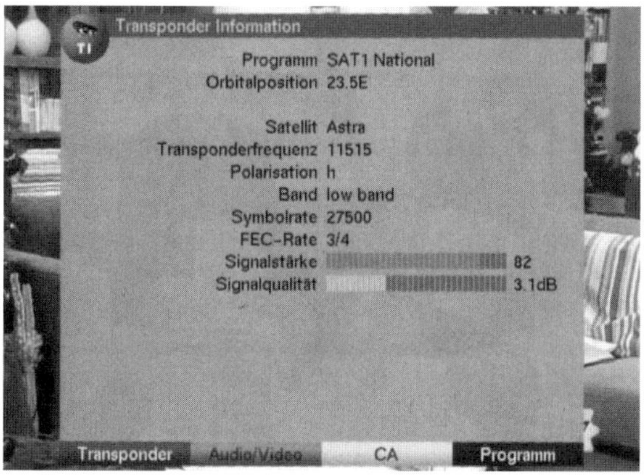

Bild 2.5 Auf 23,5° Ost ist der Signalpegel der meisten Programme derart niedrig, dass sie gerade noch einwandfrei laufen. Schlechtwetterreserven sind jedoch keine mehr vorhanden.

Die meisten der überprüften, eingelesenen unverschlüsselten Sender lassen sich also gerade noch ansehen. Bei einem Kanal messen wir nur noch an die 2,2 dB Nutzsignalpegel. Das ergibt einen warnenden roten Balken sowie eine rund 50 % der Bildfläche einnehmende digitale Klötzchenbildung. Auch der Ton setzt immer wieder aus. Verschiedene Programme, die zum Beispiel auf schmalbandigen SCPC-Kanälen ausgestrahlt werden, wurden erst gar nicht eingelesen. Da sie mit geringerer Kraft ausgestrahlt werden, erreichen sie nicht die Mindestansprechschwelle des Receivers. Selbstredend funktionieren alle Sender, die auf 23,5° Ost ausgestrahlt werden, mit der 90er-Antenne einwandfrei, und zwar mit großzügigen Schlechtwetterreserven.

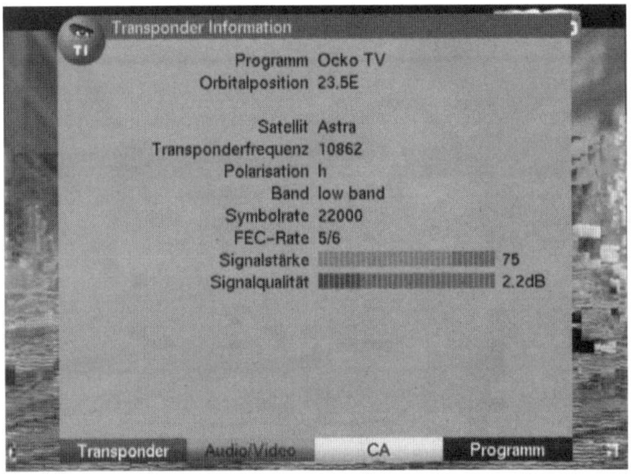

Bild 2.6 Dass eine Multifeed-Lösung mit einer 45er-Schüssel nicht wirklich funktioniert, zeigt dieses Beispiel. Bei derart geringem Pegel kann kein einwandfreies Bild mehr ankommen.

Bild 2.7 Sämtliche Bewegungen verschwinden in einem Meer digitaler Klötzchenbildung. Einen praktischen Nutzen hat man von solchen Programmen nicht mehr.

Auf der britischen Astra-Position wurden mit der Multytenne nur etwa ein Drittel der Kanäle eingelesen, die mit einer 90er-Schüssel verfügbar sind. Wir waren sehr überrascht, als wir feststellen mussten, dass selbst von ihnen nur ein Bruchteil funktioniert. Obwohl die Sender durchweg mit korrektem Namen eingelesen wurden, bleibt bei den meisten der Bildschirm schwarz. Der Signalpegel genügt nicht einmal zur Wiedergabe eines verpixelten Bildes. Nur auf wenigen Transpondern kommt überhaupt etwas durch. Dass selbst hier der Pegel zu gering für die einwandfreie Wiedergabe ist, ärgert so besonders. Klötzchenbildungen, wohin das Auge reicht, sind die unausweichliche Folge. Zumindest einige wenige Sender kommen einwandfrei an. Aber auch bei ihnen bewegt sich der Pegel bei nur rund 3,5 dB.

INFO!

Multytenne

TechniSat-Typenbezeichnung für einen 45-cm-Spiegel, der ab Werk mit vier LNBs in einem gemeinsamen Gehäuse zum Empfang der Satellitenpositionen 13° Ost, 19,2° Ost, 23,5° Ost und 28,2° Ost ausgelegt ist.

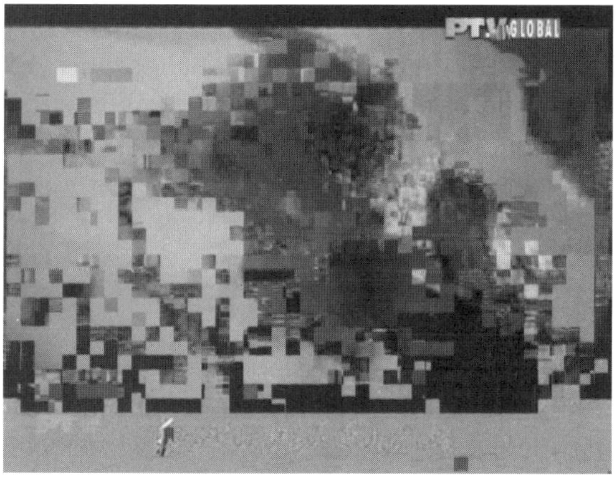

Bild 2.8 Auf 28,2° Ost kann man schon froh sein, wenn man überhaupt so viel zu sehen bekommt. Auf den meisten Kanälen bleibt es einfach schwarz.

Damit zeigt sich offensichtlich, dass bei 28,2° Ost die Multifeed-Anlage schon zu sehr ausgereizt wurde. Von größtem Nutzen dürfte diese vierte Orbitposition für den Antennenhersteller sein. Immerhin kann er damit werben, dass mit der 45 cm kleinen Multytenne vier Sat-Positionen empfangbar sind. Grundsätzlich stimmt diese Aussage ja auch, zumal keine Angaben gemacht werden, wie gut sie zu sehen sind.

Selbst wenn, besonders auf 28,2° Ost, von den rund 260 eingelesenen Sendern nur eine Handvoll funktionieren, genügt es doch, damit sich das Werbeargument bewahrheitet. Ein praktischer Nutzen ergibt sich jedenfalls kaum. Die britische Astra-Position verspricht zwar eine große Auswahl englischsprachiger Programme, sie sind aber nur mit üblichem Antennenaufwand zu empfangen.

2.3 Auf das Wetter kommt es an

Am besten funktioniert die 45-cm-Antenne bei Schönwetter. Schon aufziehende Bewölkung kann den Empfang empfindlich beeinträchtigen. Vor allem 23,5° Ost und die britische Astra-Position sind davon betroffen. Bei Regen oder Schneefall sinkt das verfügbare Programmangebot auf diesen Satelliten sehr schnell beträchtlich. Da hier nur wenige, frei empfangbare attraktive Stationen zu sehen sind, schmerzt das besonders. Relativ resistent gegen unliebsame Witterungseinflüsse zeigt sich Hot Bird auf 13° Ost.

Schneefall – Signal- und Qualitätspegel sinken

Bei Schneefall sinkt der Signal- und Qualitätspegel sehr rasch, womit zumindest die schwächeren Transponder nicht mehr so funktionieren, wie sie es sollten. Am ehesten ist die Antenne für 19,2° Ost geeignet. Klötzchenbildungen oder gar Totalausfälle sind hier im Vergleich zu den anderen Positionen kaum aufgefallen. Was die kleine Multifeed-Antenne überhaupt nicht mag, ist Schneefall. Die Testantenne wurde jedoch mit der mitgelieferten Wandhalterung montiert. Da diese nur 20 cm nach vorne ragt, befindet sich die Minischüssel gut geschützt unter dem Dachvorsprung, und Schneeflocken verirren sich nur in Ausnahmefällen auf unsere Multifeed-Antenne. Mit anderen Worten: Die kleine Schüssel bleibt so gut wie immer schneefrei. Diese Erfahrung konnte während zweier durchschnittlicher Winter gesammelt werden. Damit fällt die Anlage zumindest wegen Schneeablagerungen nicht aus.

Wegen seiner Größe benötigt man für einen 90-cm-Spiegel eine rund 48 cm nach vorne ragende Wandhalterung, an der ein DiSEqC-Motor montiert ist. Damit ist die große Vergleichsantenne der Hauswand rund 80 cm vorgelagert und kann vom schützenden Dachvorsprung nicht mehr profitieren. Schneeablagerungen setzen somit relativ schnell ein – allerdings nur am unteren Rand des Reflektors. Damit arbeitet die Antenne zwar nicht mehr mit vollem Wirkungsgrad, hat aber immer noch genügend Systemreserven, um zuverlässigen Empfang auf allen Kanälen zu gewährleisten. Selbst wenn die Schüssel zur Hälfte mit Schnee bedeckt ist, funktioniert das Satellitenfernsehen noch ohne Störungen. An die Grenze der Leistungsfähigkeit eines guten 90er-Spiegels gelangt man, wenn dieser etwa zu zwei Drittel mit Schnee bedeckt ist.

Wer nun meint, man könne mit der kleinen 45er-Antenne länger fernsehen als mit der großen, der irrt gewaltig. Bei sehr starken Schneefällen macht einer großen Schüssel der Schnee zu schaffen, der sich in ihr ablagert. Der Schneefall an sich macht ihr indes weitgehend nichts aus. Da dieser jedoch das Satellitensignal dämpft, wirkt er sich stärker als erwartet bei der kleinen Multytenne aus. Bereits leichter Schneefall genügt für einen Totalausfall des am weitesten vom Brennpunkt entfernten LNBs, also der britischen Astra-Position auf 28,2° Ost. Selbst Astra auf 23,5° Ost wird extrem in Mitleidenschaft gezogen. Lediglich der Sat1-Lokal-Transponder bleibt am längsten einwandfrei zu sehen. Doch selbst auf Hot Bird machen sich die nun nur noch sehr schwachen Signalpegel bemerkbar.

Bei von unserem Receiver attestierten Nutzsignalpegeln von nur noch knapp über 2 dB braucht der Receiver bis zu einer halben Minute, ehe ein Fernsehbild gezeigt wird. Immerhin läuft es dann meist einwandfrei. Da die Anlage hier schon am untersten Limit arbeitet, genügt bereits eine kaum merkbare Wetterverschlechterung, etwa indem der Schneefall geringfügig zunimmt, um einen Totalausfall zu bewirken.

Auch auf Astra 19,2° Ost kommen verschiedene Transponder nur mit stark abgeschwächtem Pegel, der das nahende Empfangsende prognostiziert, an. Der Totalausfall von Astra auf 19,2° Ost ist eher unwahrscheinlich und tritt in der Tat nur äußerst selten auf. Das soll aber nicht darüber hinwegtäuschen, dass auf der Position bei ungünstigen Witterungsverhältnissen nicht mehr alle Programme funktionieren müssen. Während die kleine Schüssel längst mit unübersehbaren Empfangseinbußen kämpft, ist davon beim 90-cm-Spiegel noch lange nichts zu merken. So kann man mit ihr selbst bei anhaltendem Schneefall mitunter über viele Stunden uneingeschränkt fernsehen, während Miniantennen längst ihren Dienst quittiert haben.

Zweifelhafter Nutzen der 45-cm-Multifeed-Antenne?

Obwohl die 45-cm-Multifeed-Antenne eher für ernüchternde Empfangsresultate gesorgt hat, sollte man nicht nur negative Seiten sehen. Die Testresultate sind unter zweierlei Kriterien abzuwägen: Zunächst funktioniert die Multifeed-Antenne unter dem Aspekt, dass man nur eine sehr kleine Schüssel montieren kann oder will, überaus gut. Immerhin geht es vor allem beim »geheimen«, also nicht erlaubten Satellitenempfang ja primär darum, mit einer möglichst kleinen Schüssel möglichst viel zuverlässig zu sehen. Und hier macht diese Antenne eine überaus gute Figur. Zumindest auf Astra 19,2° Ost funktioniert der Empfang übers Jahr gesehen doch überraschend gut.

Letztendlich ist es dem Zuschauer egal, ob nun noch ausreichend Schlechtwetterreserven vorhanden sind oder nicht. Entscheidend ist, dass das Bild einwandfrei bleibt. Wenn die Antenne beispielsweise unauffällig am Balkon installiert wurde, ist sie auch vor Schneeablagerungen geschützt. Und wenn die Antenne wegen sehr schlechter Witterung wirklich einmal ausfällt, sollte das verschmerzbar sein. Angesichts dessen, dass man mit der Minischüssel vielleicht überhaupt ein Schüsselverbot umgeht, sollte man sich über die überwiegende Zeit des Jahres freuen, in der man dem Vermieter ein Schnäppchen geschlagen hat. Die wenigen Stunden oder Tage, an denen keine oder nicht alle deutschen Sender verfügbar sind, dürften sich so leicht verschmerzen lassen.

Die Multifeed-Lösung, noch dazu für den Empfang von vier Positionen mit nur einer 45-cm-Minischüssel, ist im wahrsten Sinne des Wortes ein gewagtes Spiel. So gesehen beweist der Hersteller schon einiges an Mut, solch eine Antenne überhaupt auf den Markt zu bringen. Der deutsche Astra auf 19,2° Ost und Hot Bird auf 13° Ost funktionieren ja durchaus zufriedenstellend. Diese zweite Position erlaubt dem Sat-Freak den Zugang zu vielen Stationen aus aller Welt, womit diese Antenne bereits ihre Rechtfertigung erfährt.

Die zweite Astra-Position auf 23,5° Ost, die derzeit vom Satellitenbetreiber aufgebaut wird, lässt jedoch noch zu wünschen übrig. Nichtsdestotrotz kann man hier einige Sender exklusiv empfangen. Mit einer reinen Astra-Schüssel hätte man nicht einmal diese Kanäle. Der Nutzen der britischen Astra-Position ist jedoch begrenzt. Da hier kaum noch Programme einwandfrei funktionieren, tragen sie leider kaum noch zur gesteigerten Programmvielfalt bei.

Möglichst viele Sender – heimlich, still und leise

Wer heimlich, still und leise möglichst viele Sender sehen möchte, für den führt kein Weg an dieser Mini-Multifeed-Antenne vorbei. Mit ihr sieht er zwar bedeutend weniger als mit einer größeren Multifeed-Schüssel, aber doch bedeutend mehr als mit einer kleinen Astra-Anlage. Und gerade darin liegt die Existenzberechtigung der 45-cm-Multytenne.

Was wir jedoch anprangern, ist, dass das Produkt so beworben wird, dass bei vielen der Eindruck entsteht, es hier mit einem Antennenwunder zu tun zu haben. Die dadurch geweckten Erwartungen können von der Antenne nicht erfüllt werden, womit sie in einem schlechteren Licht gesehen wird, als es ihr tatsächlich gebührt. Fakt ist, dass auch diese Schüssel keinen Spiegel herkömmlicher Größe zu ersetzen vermag. Gelingt mit einer 90-cm-Antenne etwa der Empfang der britischen BBC-Sender auf 28,2° Ost nicht, darf man das von der 45er-Multytenne gar nicht erst erwarten.

2.4 Der Einfluss des Receivers ist enorm

Nicht nur die Qualität der Sat-Antenne ist für den zuverlässigen Sat-Empfang verantwortlich. Maßgeblich hierbei ist auch die Empfindlichkeit des Receivers. Je hellhöriger er ist, umso mehr kann er aus den von der Antenne gelieferten Signalen herausholen. Das ist in jedem Fall so und hat nichts mit der Antennengröße zu tun. Da sehr kleine Schüsseln jedoch grundsätzlich nur geringe Nutzsignalpegel liefern können, fällt bei ihnen die Güte des Receivers umso mehr ins Gewicht. Er entscheidet damit, welche und wie viele Sender einwandfrei zu sehen sind.

Dass es sehr wohl Unterschiede zwischen verschiedenen Receivern gibt, zeigt sich etwa, wenn wir mit dem Vantage X221 auf 13° Ost einen automatischen Scan vornehmen. Er findet immerhin 99 TV-Sender und über 200 Radiostationen mehr. Obwohl die Box auch mehrere Datendienste mit in die Liste geschmuggelt hat, fällt unverkennbar ihre bessere Performance bei der TV-Wiedergabe auf. Da der Receiver nur relative Signal- und Qualitätsanzeigen bereitstellt, fällt der direkte Vergleich mit anderen Boxen schwer. Angesichts dessen, dass seine Pegelausschläge aber selbst bei den am schlechtesten empfangbaren Transpondern erstaunlich hoch sind, vermuten wir einmal, dass im Vantage ein etwas empfindlicherer Tuner eingebaut ist.

Ein etwas besseres Bild scheint sich auch auf 23,5° Ost abzuzeichnen. Immerhin wird mit 62 TV-Sendern ein zusätzlicher Transponder beim automatischen Suchlauf eingelesen. Im Blindscan-Modus findet der Receiver sogar 75 Fernsehprogramme. Bereits der erste Kanal, der tschechische Musiksender »Ocko«, beweist, dass wir mit dem Vantage etwas besser dran sind. Mit ihm wird das Programm weitgehend einwandfrei wiedergegeben. Einzelne Klötzchenbildungen treten etwa ein- bis zweimal pro Minute kurzzeitig auf, stören aber nicht sonderlich.

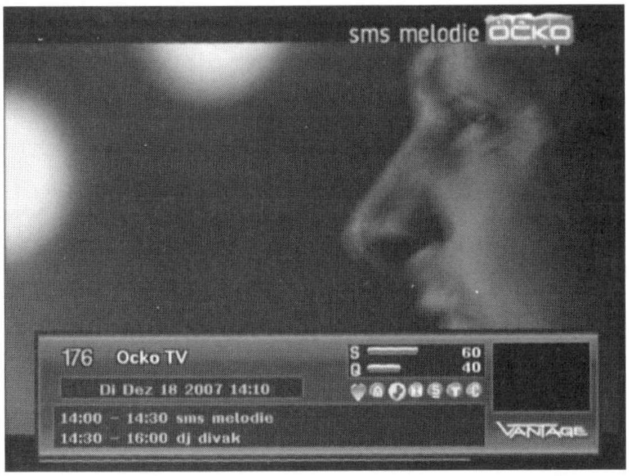

Bild 2.9 Der tschechische Musiksender »Ocko« auf 23,5° Ost funktioniert mit dem Vantage an der 45-Multifeed-Antenne beinahe einwandfrei.

Wichtiger ist jedenfalls, dass der Ton weiterhin zu hören ist. Mit dem TechniSat-Receiver war dieser Sender wegen seiner starken Klötzchenbildung nicht mehr zu gebrauchen. Da die weiteren gefundenen Stationen durchweg verschlüsselt sind, können wir vom erweiterten Programmangebot auf 23,5° Ost nicht profitieren. Vom Programmpaket mit den niederländischen Lokalsendern und mit mehreren SCPC-Kanälen fehlt auch mit dem Vantage jede Spur. Die Signalpegel liegen durchweg unter der Ansprechschwelle der Box.

Anfangs macht sich beim Autoscan mit dem Vantage auf 28,2° Ost Ernüchterung breit. Mit 260 TV-Kanälen werden vom Vantage sogar um einige weniger eingelesen als mit unserem Receiver. Immerhin funktionieren die britischen Sender am Vantage sichtbar besser. Jene, die mit dem TechniSat nur mit Klötzchenbildungen gezeigt wurden, kommen nun einwandfrei an. Gleiches gilt selbst für Programme, bei denen während unseres ersten Tests der Bildschirm überhaupt dunkel blieb.

Bild 2.10 Sky News und viele andere Sender auf 28,2° Ost, die mit dem TechniSat MF4-S überhaupt nicht zu sehen waren, empfängt man mit dem Vantage einwandfrei.

Zuletzt haben wir unsere Multytenne mit einem Echostar-Festplattenreceiver (Modell 5020) – bauähnliche Modelle mit identischen Empfangsleistungen werden nach wie vor von Eycos angeboten – unter die Lupe genommen. Auf der zweiten Astra-Position liest er auf Anhieb 75 Fernsehprogramme ein. Die üblichen Kandidaten, auf die mit anderen Receivern verzichtet werden musste, kommen auch mit ihm nicht an. Etwas enttäuschend ist der Musiksender »Ocko«, der nun wieder mit ständigen Klötzchenbildungen gezeigt wird. Fernsehen macht da keinen Spaß mehr.

Auf 28,2° Ost werden nur 223 TV-Sender eingelesen. Obwohl diese Anzahl geringer ist als bei anderen Receivern, funktionieren hier mehr frei empfangbare Stationen. Einige haben wir sogar erstmals gesehen. So gesehen macht der Receiver auf der britischen Astra-Position ein recht gutes Bild. Auf Hot Bird 13° Ost und dem deutschen Astra haben wir keine relevanten Einschränkungen festgestellt. Angesichts dessen, dass diese beiden Satelliten weniger schielend empfangen werden als die beiden östlicheren, ist das auch erklärlich.

Bild 2.11 PTV Prime und andere Sender empfängt man mit dem 5020er-Echostar einwandfrei. Mit dem TechniSat-Gerät ist der Kanal, wie auch viele andere, nicht zu gebrauchen.

Satellitenposition	TechniSat MF4-S	Vantage X221
Astra 19,2° Ost	1.241/479 (TV/Radio)	1.340/682 (TV/Radio)
Hot Bird 13° Ost	909/280 (TV/Radio)	902/349 (TV/Radio)
Astra 23,5° Ost	57/35 (TV/Radio)	62/36 (TV/Radio)
Astra 28,2° Ost	265/112 (TV/Radio)	260/120 (TV/Radio)

Unser Boxentest zeigt anschaulich, dass eine Antenne nicht mit jedem Receiver gleich gut funktioniert. Lässt der Empfang grundsätzlich zu wünschen übrig, kann ein anderer Receiver durchaus zum Erfolg führen.

2.5 Bei Kälte empfängt man besser

Ein LNB empfängt nicht immer gleich gut. Hat man etwa am Abend einen Sendersuchlauf durchgeführt und es wurden zum Beispiel 100 Programme eingelesen, die auch alle einwandfrei hereinkommen, und man möchte nun am Tag fernsehen, funktioniert mitunter nur ein Teil der 100 gefundenen Kanäle. Liegt ein Defekt an der Anlage vor? Nein. LNBs reagieren auf die vorherrschenden Temperaturen. Je kälter es ist, umso mehr Sender lassen sich empfangen.

Auf dem deutschen Astra-Satelliten und anderen leistungsstarken Direktempfangssatelliten wird man davon nichts merken. Sehr wohl jedoch, wenn man exotische Positionen, wie etwa Badr auf 26° Ost oder Nilesat auf 7° West anpeilt. Da diese Satelliten Europa nur noch am Rande versorgen, fallen ihre Signalpegel in Richtung Norden ab. Mit einer 90-cm-Antenne bewegt man sich deshalb durchaus am unteren Limit, um die auf diesen Positionen ausgestrahlten Programme sehen zu können.

Die Temperaturempfindlichkeit macht sich zwar grundsätzlich nur geringfügig bemerkbar, ihre Wirkung kann aber dennoch beachtlich sein. Dann etwa, wenn einzelne Transponder mit nur etwas zu geringem Pegel verfügbar sind. Bei der Digitaltechnik sind die Grenzen zwischen einwandfreiem und gar keinem Empfang äußerst gering. Liegt der Signalpegel einzelner Transponder tags nur geringfügig unter der Mindestansprechschwelle des Receivers, kann die abendliche Abkühlung durchaus schon zum einwandfreien oder fast einwandfreien Empfang führen.

TV-Stationen, die während der Sonnenscheinstunden nur verpixelt zu empfangen sind, werden nach Einbruch der Dunkelheit rein und klar. Bei unseren Versuchen haben wir festgestellt, dass ein Absinken der Temperatur um etwa 10 °C bei exotischen Satelliten ein Plus von bis zu über 100 Sender bringen kann. Tatsächlich werden die besseren Empfangseigenschaften nicht nur von der geringeren Umgebungstemperatur bestimmt. Liegt die Temperatur an einem durchschnittlichen Sommertag bei 25 °C, leidet der LNB zusätzlich unter direkter Sonneneinstrahlung, die für weitere Erwärmung sorgt. Nachdem der LNB auch innerlich abgekühlt ist, verbessern sich seine Empfangsleistungen.

So gesehen funktioniert ein LNB während des kalten Winters mit seinen langen Nächten besser als im Sommer. Nicht umsonst ist der Winter unter Sat-Enthusiasten die beste Zeit für Sat-TV-DX. Dieser Aspekt ist auch beim Betrieb von Mini-Sat-Anlagen zu berücksichtigen. Sie funktionieren während der kalten Jahreszeit durchaus zuverlässiger, was umso mehr auffällt, je kleiner der Antennendurchmesser ist. Bei neuwertigen Spiegeln mit besonders rauscharmen LNBs werden sich diese Auswirkungen auf der deutschen Astra-Position 19,2° Ost sowie Hot Bird nur am Rande bemerkbar machen.

Bei älteren Antennen, in denen ein LNB mit höherer Rauschzahl eingebaut ist, kann sich das durchaus auch auf diesen Satelliten auswirken. Für unsere Multytenne bedeutet das etwa, dass ihre Empfangsleistung auf den ohnehin nicht optimal funktionierenden Positionen 23,5 und 28,2° Ost sehr wohl von der Kälte profitiert. Daraus resultiert aber auch, dass nicht alle Sender das ganze Jahr hindurch verfügbar sein müssen. Die Temperaturabhängigkeit von Sat-Anlagen fällt mitunter gar nicht auf, denn man sieht ohnehin meist am Abend oder in der Nacht fern. Also zu Zeiten, zu denen die höchsten Temperaturen schon vorüber sind.

3 Sat-Anlagen und Schneefall

Sat-Anlagen funktionieren nur bei direkter Sicht zum Satelliten einwandfrei. Schnee kann sie beeinträchtigen oder den Empfang sogar ganz unterbinden. Dann nämlich, wenn er sich an der Antenne ablagert. Zuerst einmal ist der Reflektor gefährdet. Seine Empfangsleistungen sinken, je mehr sich die weiße Pracht in ihm ablagert. Besonders bei exponiert montierten Spiegeln können Schneeablagerungen zu einem echten Problem werden. Vor allem schwerer, pappiger Schnee sammelt sich verhältnismäßig schnell an. Bei dichtem Schneefall kann der Spiegel so schon nach ein bis drei Stunden zugeschneit sein und dadurch ausfallen. Wie schnell er wieder einsatzbereit ist, hängt davon ab, wie schnell sich der Schnee vom Reflektor wieder löst. Dabei haben typische Offset-Spiegel einige Vorteile. Da sie sehr steil stehen, rutscht Schnee häufig schon durch sein Eigengewicht ab, womit sich das Problem durchaus von selbst löst. Wobei hier das Reflektormaterial eine Rolle spielt. Die beste Wintertauglichkeit haben Aluminiumspiegel wegen des hohen Wärmeleitkoeffizienten des Metalls. Es erwärmt sich bei Sonneneinstrahlung am schnellsten, wodurch abgelagerter Schnee schnell schmilzt. Blech- und vor allem Kunststoffspiegel sind hier wegen ihrer deutlich schlechteren Wärmeleitfähigkeit im Nachteil.

Bild 3.1 Wie zu sehen, ist bei dieser Schüssel der Reflektor noch weitgehend schneefrei. Lediglich am LNB-Hut hat sich eine größere Menge Schnee angesammelt.

Was jedoch tun, wenn bei längeren Schlechtwetterperioden der Schnee nicht schmelzen kann? Das passiert zu Beispiel, wenn es über mehrere Tage extrem kalt ist oder die Sonne einfach mehrere Monate lang überhaupt nicht ins Grundstück einstrahlt, so wie dies im Gebirge im Winter durchaus üblich ist.

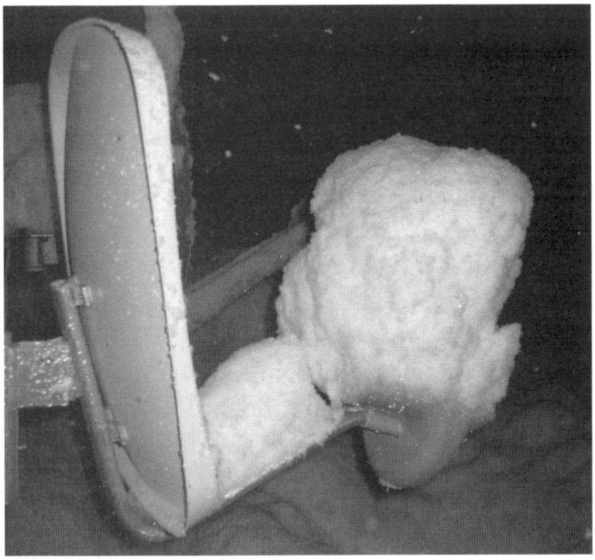

Bild 3.2 Da die Schneehaube bis vor den LNB reicht, funktioniert hier kein Satellitenempfang mehr.

3.1 Starker Schneefall setzt ein

Wie sehr starker Schneefall den Satellitenempfang beeinträchtigt, haben wir in der Praxis untersucht. Nach Einsetzen dichten Schneetreibens finden die Schneeflocken anfangs am Reflektor einer 90-cm-Antenne mit Alu-Reflektor kaum Halt. Lediglich im Bereich des LNB-Arms finden sie ausreichend Platz, sich anzusammeln. Die Gefahr ist übrigens umso größer, je stabiler der Arm ausgeführt ist. Bei einer Kathrein-Antenne kommt hier der Schnee zuerst zu liegen und verdeckt in Form eines größer werdenden Kegels zunächst den unteren Teil des Reflektors und des LNB-Feeds.

Bild 3.3 Die untere Hälfte des Reflektors ist bereits zugeschneit, und auch der LNB ist mit Schnee bedeckt. Der Empfang ist in diesem Stadium aber noch einwandfrei mög-

Etwa zwei Stunden nach Einsetzen des Schneefalls wurden wir von der Schneemenge an der Antenne überrascht. Der Schnee bedeckte etwa ein Drittel des Reflektors und legte über die Empfangseinheit eine mehrere Zentimeter dicke Haube. Der digitale Empfang zeigt zu diesem Zeitpunkt noch keinerlei sichtbaren Schwächen.

Bild 3.4 Zwei Stunden später hat die Schneeschicht auf der Antenne weiter zugenommen. Hier ist die Grenze des einwandfreien Empfangs erreicht, und es machen sich ...

Bild 3.5 ... bereits wenige Minuten später erste Einbußen in Form kleiner Klötzchen im Bild bemerkbar.

Es schneit unaufhaltsam weiter

Abermals zwei Stunden später, es schneit unaufhaltsam weiter, funktioniert der Digitalempfang noch immer einwandfrei. Lediglich bei analogen Kanälen zeigt sich schon etwas Rauschen. Obwohl der Schnee in der Antenne weiter zugenommen hat, ist noch immer mehr als die Hälfte des Reflektors frei. Kritischer präsentiert sich allerdings die Situation vor dem LNB, wo das Satellitensignal schon an die zehn Zentimeter Schnee zu überwinden hat, bevor es die Empfangseinheit erreicht.

Bild 3.6 Währenddessen verursacht die vermehrte Schneeansammlung schon deutliche Rauscheinbrüche beim analogen Empfang.

Erst Klötzchenbildung, dann Totalausfall

Nach rund fünf Stunden dichten Schneefalls verschlechtert sich der Empfang binnen weniger Minuten rapide. Obwohl der Qualitätspegel kontinuierlich abgenommen hat, blieb das Bild bis zuletzt unbeeindruckt. Zwischen dem Auftreten der ersten Klötzchen bis zum Totalausfall auf allen Kanälen vergeht nicht einmal eine Viertelstunde. Messungen belegen, dass der Nutzsignalpegel im Vergleich zu optimalen Bedingungen im analogen Bereich um rund 14 dB gesunken ist.

Bild 3.7 Beginnt der Empfang schlechter zu werden, geht es mitunter sehr schnell, bis das Signal vollends zusammenbricht.

An der Antenne erkennt man indes anhand feuchter Stellen am Reflektor, wie der Schnee immer wieder nach unten rutscht. Da wir nun nicht mehr fernsehen können, schalten wir das TV-Gerät aus.

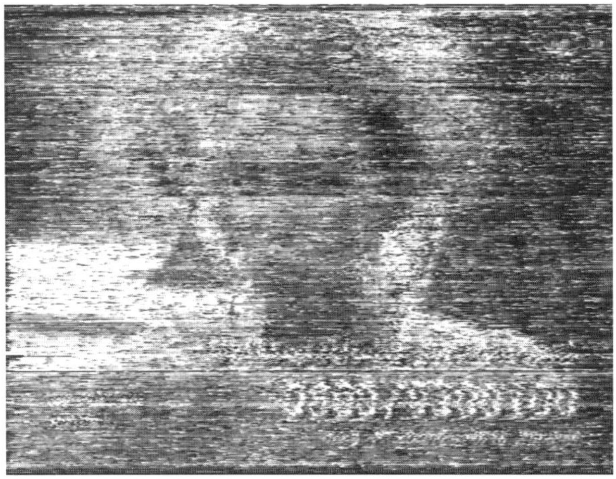

Bild 3.8 Hier ist allerdings auch beim analogen Signal kaum noch etwas zu erkennen.

Leider bleibt uns so verborgen, ab wann der Empfang wieder funktioniert. Obwohl es munter weiter schneit, entdecken wir rund 80 Minuten nach dem Totalausfall der Schüssel, dass Sat-TV wieder einwandfrei funktioniert. Inzwischen ist nämlich der größte Teil des Schnees von selbst abgerutscht. Vor allem der Konverter ist wieder frei.

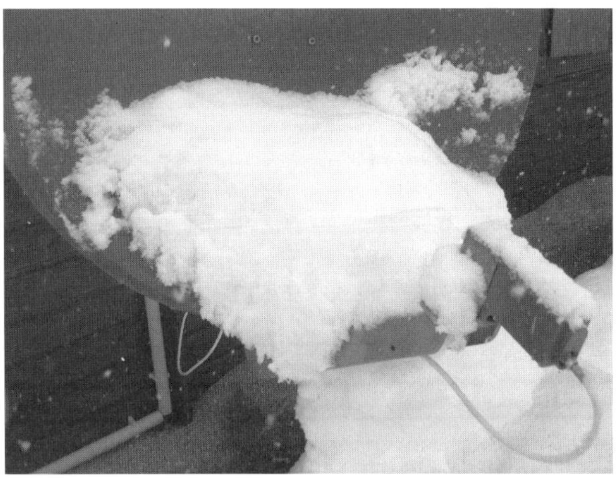

Bild 3.9 Dank des Eigengewichts ist der Schnee von selbst heruntergerutscht und lässt nach nicht einmal eineinhalb Stunden wieder guten Empfang zu.

Am Abend beginnt der Schnee abermals den LNB zu umschließen, stellt aber noch keine Gefahr für den Digitalempfang dar. Pünktlich zu Beginn der Hauptsendezeit bricht der Empfang abermals zusammen, und die Schüssel präsentiert sich im gleichen Gewand wie schon zur Mittagszeit.

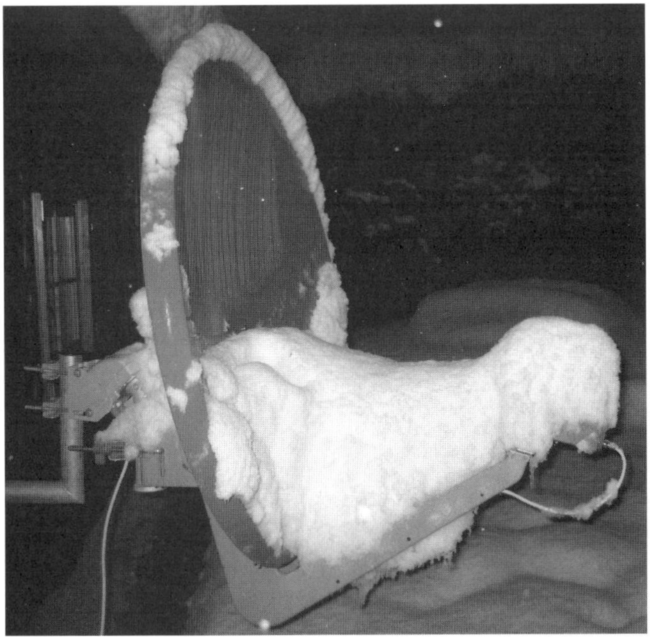

Bild 3.10 Pünktlich zur Hauptsendezeit sorgt die angesammelte Schneemenge abermals für den Ausfall des Sat-TV.

Nach Ende der Primetime ist der Schnee wieder weitgehend von der Schüssel abgerutscht. Inzwischen hat es zu schneien aufgehört. Der Schnee reicht am Boden immerhin bis zu den Knien.

Bild 3.11 Wenn es schneit, ist es bekanntlich nicht sonderlich kalt. Der Schnee ist nach Ende der Primetime abermals durch sein Eigengewicht abgerutscht.

Schnee sammelt sich nicht nur am Reflektor an. Nicht minder gefährdet ist der LNB. Auf seinem Gehäuse kann sich ein Schneehut bilden, der sogar über das Feed, also über den vorderen Teil, durch dessen Abdeckung die Sat-Signale in das Innere des LNBs gelangen, anwachsen kann. Förderlich dafür ist, dass der LNB bei typischen Offset-Schüsseln ein wenig nach oben schaut. Selbst wenn der Reflektor weitgehend schneefrei bleibt, kann bereits wenig Schnee vor dem Feed für einen Totalausfall der Anlage sorgen.

Bild 3.12 Am nächsten Morgen erinnert zumindest an der Antenne nichts mehr an die 40 cm Neuschnee des letzten Tages.

Ob sich in diesem Bereich tatsächlich Schnee anhäufen kann, wird auch von der Konstruktion des LNB-Arms bestimmt. Ist er nur als dünnes Gestänge ausgeführt, bleibt an ihm kaum Schnee liegen. Bedeutend anfälliger können indes stabile Konstruktionen sein. Selbst dann, wenn sie kaum waagerechte Elemente aufweisen. Hier können dicke, große Schneeflocken durchaus dazu führen, dass sich beispielsweise zwischen den beiden Stegen einer Kathrein-Antenne eine Schneebrücke bildet, die regelrechte Schneehauben zulässt. Da ja frischer Schnee auch außergewöhnlich gut haftet, fällt die Ansammlung nicht ohne Weiteres von der Antenne ab. Sammelt sich so ein Schneeberg direkt vor dem LNB an, ist ebenfalls ein Totalausfall zu erwarten.

3.2 Vorbeugende Direktmaßnahmen

Sofern die Antenne frei zugänglich ist, lässt sich der Schnee jederzeit abkehren. Allerdings ist es alles andere als attraktiv, sich an einem Fernsehabend mehrmals zum Spiegel begeben zu müssen. Man kann den Schnee- und Eisablagerungen aber auf mehrere Arten vorbeugen.

Antenne mit Silikonöl einsprühen

Eine einfache und überaus preiswerte Möglichkeit ist, die Antenne im Spätherbst mit Silikonöl einzusprühen. Dies sollte man rechtzeitig erledigen, noch bevor Schneefall ein Thema wird. Man bekommt es als Spray bereits für wenige Euro im Baumarkt. Vor der Silikonbehandlung muss die gesamte Schüssel gründlich gereinigt werden. Erst dann wird ein gleichmäßig dünner Film aufgetragen. Der Schnee hat danach keine Chance mehr, sich auf den Bauteilen festzusetzen. Das Silikon wirkt wie eine Rutschbahn.

INFO!

Nachteil der Silikonspray-Methode

Obwohl dieser simple Trick außergewöhnlich gut funktioniert, hat er doch einen kleinen Nachteil. Die Antenne nimmt nun verstärkt Schmutz auf, was sich etwa nach dem Pollenflug im Frühling bemerkbar macht. Damit die Anlage ansehnlich bleibt, ist deshalb im Frühjahr eine gründliche Reinigung des Spiegels nötig.

Antenne mit Spülmittel behandeln

Nach demselben Prinzip funktioniert eine noch einfachere Lösungsvariante, die jedoch nicht so wirkungsvoll ist. Haben Sie etwa versäumt, die Antenne rechtzeitig einzuölen, hilft auf die Schnelle ein Kübel handwarmes Wasser, in das man etwas Spülmittel einrührt. Anschließend schütten Sie den gesamten Kübelinhalt mit Schwung in den Reflektor. Das Spülmittel sorgt ebenfalls für einen dünnen Film, an dem Schnee und Eis weniger gut haften.

Bild 3.13 Lauwarmes Wasser mit etwas Spülmittel in den Reflektor geschüttet, verschafft für rund zwei Wochen Schutz gegen Schnee und Eis. Dieser einfache Trick lässt sich bei Sat-Antennen aller Größen und jeder Bauart anwenden. (Bild: Th. Riegler)

INFO!

Nachteil der Spülmittel-Methode

Sie wirkt nur etwa für zwei Wochen. Für eine pauschale Vorbehandlung, die den ganzen Winter anhält, taugt sie nicht. Sie hilft aber sehr wohl, wenn in den kommenden Tagen Schneefall angesagt ist.

Bei einem Vergleichstest wurde die Hälfte eines 180-cm-Primefocus-Spiegels mit Spülwasser behandelt. Da diese Antennenbauform flacher gen Himmel schaut, sammelt sich in ihrem Reflektor leichter Schnee an als bei üblichen Offset-Spiegeln.

Bild 3.14 Besonders Primefocus-Antennen sind sehr schneeaufnahmefreudig.

Dennoch zeigt auch hier der Schutzfilm Wirkung. Nach einem durchschnittlichen Schneefall fand sich an der unbehandelten Hälfte eine bis zu 3 cm dicke Schicht, die rund vier Fünftel der gesamten Spiegelhöhe einnahm. Auf der behandelten Seite blieb zwar auch Schnee liegen, allerdings nur rund 5 mm bis 1 cm, wobei mehr als die obere Reflektorhälfte schneefrei blieb. Da noch ausreichend freie Reflektorfläche vorhanden war, funktionierte die behandelte Antenne weiter.

INFO!

Vorteil der Spülmittel-Methode

Mit Spülmittel behandelte Antennen brauchen nach dem Winter nicht gereinigt zu werden.

Silikonöl und Spülmittel helfen gegen geringe bis mittlere Schneemengen. Zumindest in den Alpen kann es aber auch vorkommen, dass binnen weniger Stunden 50 cm bis nahe 1 m Schnee fallen. Unter solchen Voraussetzungen versagen beide Lösungsansätze. Abhilfe kann hier am zuverlässigsten nur ein Handbesen schaffen.

Bild 3.15 Da bei Primefocus-Spiegeln der Empfang wesentlich früher zusammenbricht als bei heute allgemein üblichen Offset-Spiegeln, ist der Besen gefragt. (Bild: Th. Riegler)

3.3 Schneefrei mit eingebauter Reflektorheizung

Möchte man seine nicht oder kaum zugängliche Schüssel schneefrei halten, führt kein Weg an einer Spiegelheizung vorbei. Sie wird zumindest für einige Produkte angeboten und geht so richtig ins Geld. So müssen für die von der Firma Kathrein angebotene Heizung mit Automatiksteuerung für 90-cm-Spiegel rund 1.000 Euro veranschlagt werden. Dafür bekommt man eine stabile Kunststoffschale mit integrierter Wärmedämmung, die auf der gesamten Rückseite des Reflektors zu montieren ist. Damit ist eine gute und gleichmäßige Wärmeabfuhr gewährleistet. Ein Überhitzungsschutz ist eingebaut. Die Steuerung erfolgt über einen elektronischen Zweipunktregler mit einstellbarer Temperaturschwelle. Die Beheizung des Reflektors erfolgt, sobald die Temperatur unter den eingestellten Wert sinkt.

Wahlweise orientiert sich die Anlage an der Temperatur des Reflektors oder der Außentemperatur. Wobei vor allem die Regelung anhand der Reflektortemperatur sinnvoll ist. Beträgt diese einige Grad über Null, ist die Antenne warm genug, dass der Schnee automatisch von ihr abschmilzt. Damit wird die Betriebsdauer der Heizung in Grenzen gehalten. Was insofern nicht unerheblich ist, als die Leistungsaufnahme der Reflektorheizung an die 345 Watt beträgt. Würde man sie nur über die Außentemperatur steuern, würde sie rund um die Uhr laufen, womit sie innerhalb von 24 Stunden deutlich über 8 kWh Strom verbrauchen würde.

Bild 3.16 So sieht eine professionelle Reflektorheizung für 90-cm-Spiegel aus dem Hause Kathrein aus. (Foto: Kathrein)

Der Betrieb einer solchen Spiegelheizung gewährleistet zwar stets guten Empfang, er kostet aber auch viel Geld. Die Anlage orientiert sich ausschließlich an der Temperatur. Sie erkennt dabei nicht, ob es nun schneit oder ob gerade ein Eisregen niedergeht. Mit anderen Worten: Sie arbeitet auch während lang anhaltender Schönwetterperioden mit wolkenlosem Himmel, bei denen es aber richtig kalt ist. Ist kein Schneefall in Sicht, müsste die Heizung aber selbst bei -15 °C nicht laufen. Zur Einsparung des unnötigen Energieaufwands empfiehlt es sich, die Heizung mit einem Ein/Aus-Schalter, der etwa im Dachboden montiert ist, zu versehen. Damit kann man sie die meiste Zeit des Winters ausgeschaltet lassen. Verheißt die Wettervorhersage nichts Gutes, kann man sie gezielt einschalten.

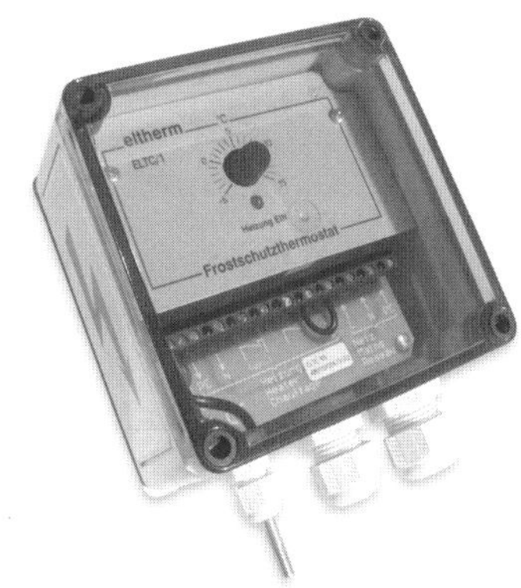

Bild 3.17 Mit der zugehörigen Heizungssteuerung lässt sich die Temperatur einstellen, bei der die Heizung aktiv werden soll. (Foto: Kathrein)

Heizfolien sind preiswert und gut

Es geht aber auch wesentlich preiswerter als mit einer Reflektorheizung. Im Fachhandel werden Heizfolien verschiedener Größe angeboten, die nur auf die Rückseite des Reflektors geklebt werden müssen. Ihre Vorteile liegen auf der Hand. Erst einmal sind sie für jeden Metallspiegel geeignet, womit man weder an ein bestimmtes Produkt noch an einen bestimmten Durchmesser gebunden ist. Die Heizfolien werden in Größen von etwa 20 x 30 cm oder mit 26 cm Kantenlänge angeboten und kosten rund 50 Euro.

Besonders größere Heizelemente passen sich wegen eventuell bereits vorhandener Einkerbungen ideal an die Wölbung des Reflektors an. Die Heizungen werden mit 230 Volt Wechselstrom betrieben, womit man sie an die Steckdose anschließen kann. Das Stromanschlusskabel geht direkt vom Heizelement ab. Damit es bei drehbaren Schüsseln keinen Schaden nimmt, wird das Kabel mit einer Zugentlastung an der Reflektorrückseite fixiert. Die Leistungsaufnahme beträgt nur an die 40 Watt. Das ist im Vergleich zur Profiheizung überaus wenig, aber dafür bedient sie auch nur einen kleinen Teil der Spiegelfläche.

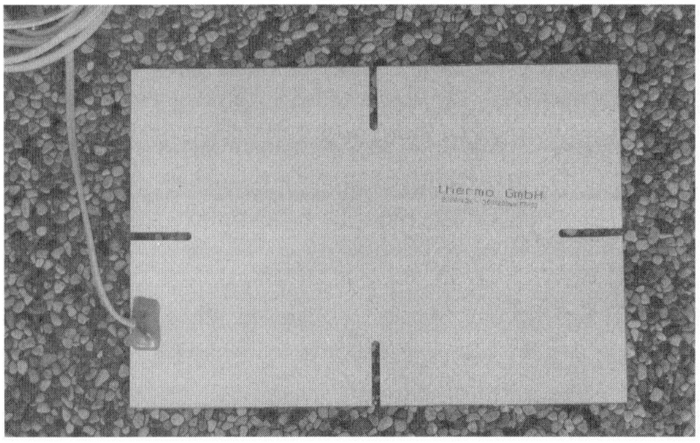

Bild 3.18 Alternativ zu den professionellen Reflektorheizungen gibt es auch Heizfolien, die sich auf alle beliebigen Schüsseln kleben lassen.

Nüchtern betrachtet ist eine Heizung, die die gesamte Reflektorfläche erwärmt, nicht unbedingt erforderlich. Gefährdet für Schneeablagerungen ist ohnehin nur das untere Drittel der Antenne. Hier sammelt sich der Schnee zuerst an und sorgt für Empfangsbeeinträchtigungen. Besonders bei Aluminium-Reflektoren reicht ein verhältnismäßig kleines Heizelement aus, was wir einmal mehr dem guten Wärmeleitkoeffizienten von Aluminium verdanken. Er sorgt für eine allmähliche Erwärmung aller relevanten Bereiche des Reflektors.

Bei einem größeren Spiegel reicht ein Heizelement nicht aus. In diesem Fall kleben Sie einfach weitere Elemente darauf. Für Minispiegel sind die getesteten Heizfolien jedoch etwas zu groß. Da man sie nicht zurechtschneiden kann, kommen sie nicht infrage.

Es gibt aber auch Heizfolien mit deutlich geringeren Abmessungen. Der Elektronikfachhandel hält eine breite Palette davon bereit. Allerdings muss bei ihnen von Fall zu Fall abgeklärt werden, ob sie für die Montage im Freien geeignet beziehungsweise zulässig sind. Dies ist zumindest für Modelle von Bedeutung, die mit 230 Volt arbeiten. Es gibt aber auch genügend Folien, die an 12 oder 24 Volt betrieben werden können. An Kleinspiegeln dürften Heizfolien von etwa 10 x 20 cm Kantenlänge durchaus Platz finden. Ihre Anschlussleistung von ca. 20 Watt ist ausreichend.

Bild 3.19 Es genügt, Heizfolien im Bereich des unteren Rands auf die Reflektorrückseite zu kleben.

Da bei den preiswerten Alternativheizungen nur kleine Teilbereiche des Reflektors erwärmt werden, wirken sie nicht auf die Schnelle. Mit ihnen ist es demnach nicht möglich, einen bereits vollständig zugeschneiten oder stark vereisten Reflektor schnell abzutauen. Das kann, zumindest bei Schüsseln herkömmlicher Größe, bis zu einige Stunden dauern. Da bei Miniaturantennen nur vergleichsweise wenig Metall zu erwärmen ist, sind hier schnellere Reaktionszeiten realistisch. Das ist insofern von Bedeutung, als anders als bei großen Spiegeln bereits geringe Schneeablagerungen zu massiven Empfangsstörungen führen können.

Simple Heizfolien besitzen weder einen Überlastschutz noch eine Temperatursteuerung. Um diese Dinge muss man sich gesondert kümmern. Es ist allerdings die Frage, ob man sie überhaupt benötigt. An unserem Testort in den Alpen hat es, während der letzten Jahre, nur wenige Male im Winter geschneit, womit sich die Notwendigkeit des Einsatzes der Spiegelheizung auf wenige Tage reduziert. Eine äußerst effiziente und preiswerte Steuermöglichkeit lässt sich mit einer simplen Zeitschaltuhr realisieren. An ihr wird die Heizung einfach angesteckt, womit auch kein zusätzlicher Installationsaufwand erforderlich ist. Je nach Schüsselgröße und individuellen Erfahrungen lässt man die Heizung etwa bei Schneefall eine Stunde eingeschaltet und dann das Heizelement anschließend für rund 15 Minuten auskühlen. Eventuell können auch kürzere Heizintervalle erforderlich sein. Sie werden von der Leistungsfähigkeit des verwendeten Heizelements bestimmt und sollten im Fachhandel erfragt werden.

Temperaturregelung selbst bauen

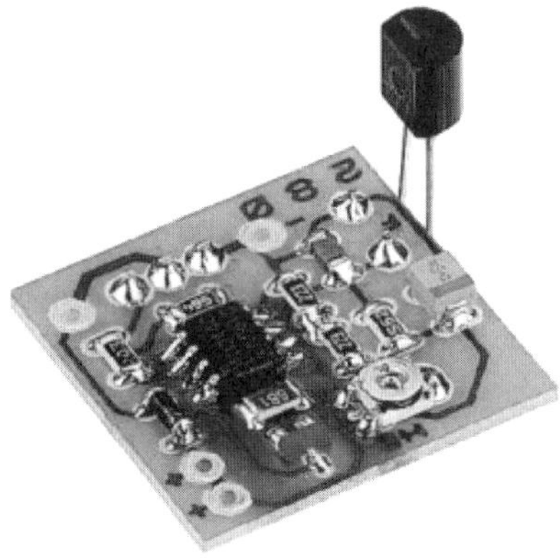

Bild 3.20 Mit Bausätzen solcher Art kann man einfache Heizfolien mit einer Temperatursteuerung versehen. (Foto: Conrad Electronic)

Eine Temperaturregelung lässt sich ebenfalls selbst bauen. Es werden bereits entsprechende Bausätze ab rund 15 Euro angeboten. Mit ihrer Hilfe kann die Heizung automatisch ab einer bestimmten Grenztemperatur laufen. Platziert man einen Temperaturfühler am Reflektor, dient dessen Temperatur als Basis der Heizungssteuerung, was besonders komfortabel und praxisnah ist.

Heizfolien eignen sich nicht nur als Reflektorheizungen. Vor allem kleinere Heizelemente lassen sich auch an gefährdeten Stellen im Bereich des LNBs anbringen. Montiert man etwa eine Heizfolie im Nahbereich des LNB-Feeds, lassen sich mit ihr auch Schneeansammlungen vor der Empfangseinheit schmelzen, denn diese können ja ebenfalls zum Ausfall der Anlage führen. Wegen der Erwärmung der Heizelemente wird empfohlen, sie ausschließlich an Metallteilen anzubringen. Da die LNB- und die Reflektorheizung kaum im gleichen Umfang benötigt werden, sollte man für sie getrennte Stromversorgungen vorsehen. Im einfachsten Fall werden an beiden gesonderte Netzstecker angebracht.

3.4 Schutz vor Regen, Schnee und Hagelschlag

Ein überaus wertvolles Zubehörteil für Sat-Antennen kommt aus Norwegen und trägt den Namen: Para Protection. Der LNB-Regenschirm kostet etwa 30 Euro und besteht aus einer Konstruktion, die einer Schraubzwinge ähnelt. Mit dieser Konstruktion wird die Schirmhalterung auf den LNB-Arm aufgeschraubt. Dazu sind keinerlei Umbauarbeiten erforderlich. An der Halterung ist beidseitig mit je zwei Schrauben ein um 180° gewölbter durchsichtiger Kunststoffschirm befestigt. Er lässt sich schwenken und so optimal an die Sat-Antenne anpassen.

Unter dem Schirm finden mehrere LNBs Platz, womit er sich auch für Multifeed-Anlagen eignet. Durch die Wölbung rutscht Schnee sofort ab. Der LNB-Regenschirm ragt großzügig zu beiden Seiten über den LNB heraus. Damit verhindert er auch Schneeablagerungen direkt am oder vor dem LNB, die ebenfalls den Empfang beträchtlich stören können.

Der LNB-Regenschirm ist überaus solide gefertigt und kann ganzjährig auf der Antenne montiert bleiben. So bietet er unter anderem auch Schutz vor Hagelschlag.

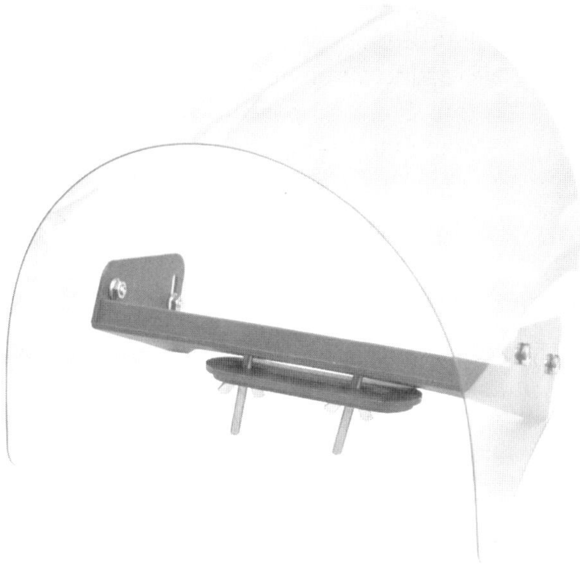

Bild 3.21 Der Para Protection wird einfach am LNB-Arm befestigt. Die LNBs finden dann unter der Schutzhaube Platz. (Foto: elprice.no)

Regen- und Schneeschutz selbst bauen

Ein Regen- und Schneeschutz lässt sich auch selbst bauen. Dazu benötigen Sie lediglich eine leere Kunststoffflasche mit einem Fassungsvermögen von 1,5 bis 2 Liter, ein Messer und etwas Klebeband. Kunststoffflaschen bestehen aus dünnem, leicht zu bearbeitendem Material. Vereinfacht ausgedrückt, wird der »Regenschirm« einfach über den LNB gestülpt.

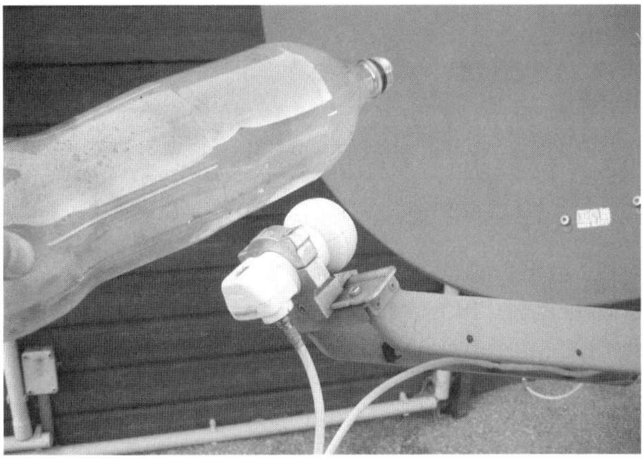

Bild 3.22 Aus einfachen 1,5- bis 2-Liter-Flaschen lässt sich innerhalb weniger Minuten ein LNB-Regen- und Schneeschutz herstellen.

Schneiden Sie zuerst den oberen, sich verjüngenden Teil der Flasche ab. Schrauben Sie die Flasche vorher zu. Durch das eingeschlossene Luftpolster erhält die Flasche mehr Stabilität, was das Durchstechen mit der Messerspitze zu Beginn des Schneidevorgangs erheblich erleichtert.

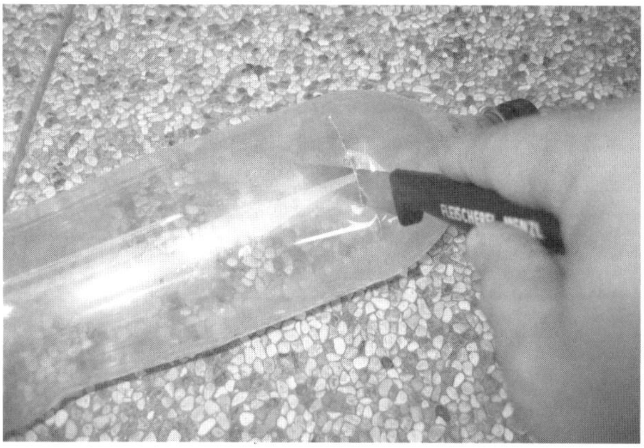

Bild 3.23 Zuerst muss der obere, sich verjüngende Teil der Kunststoffflasche mit einem Messer abgeschnitten werden.

Da sich die Flasche mit abgeschnittenem Oberteil noch nicht über den LNB schieben lässt, schneiden Sie an einer Seite einen Steg in der Breite des LNB-Arms der Antenne aus. Je tiefer Sie den Steg schneiden, umso weiter lässt sich die Flasche später über die Empfangseinheit nach vorne schieben.

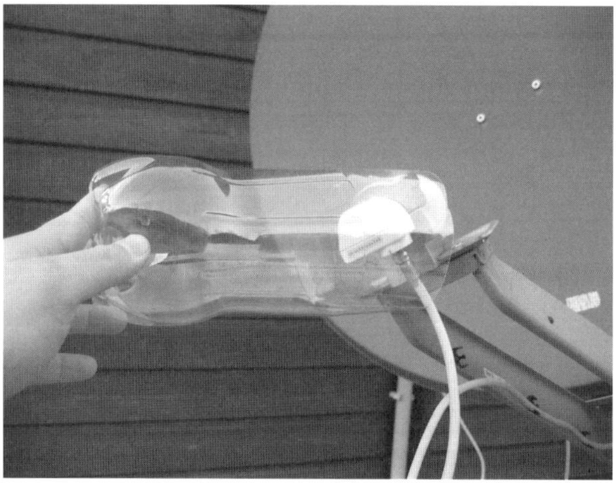

Bild 3.24 Mit dem abgeschnittenen Vorderteil lässt sich die Flasche noch nicht über den LNB schieben.

Damit die Feuchtigkeit, die sich in der Flasche ansammelt, abfließen kann, schneiden Sie mit dem Messer am Boden ein kleines Loch aus. Es muss sich auf der gleichen Seite wie der bereits ausgeschnittene Steg befinden.

Bild 3.25 Aus der Flasche muss ein Steg in der Breite des LNB-Arms herausgeschnitten werden. Seine Tiefe bestimmt, wie weit sich die »Schutzflasche« später über den LNB schieben lässt.

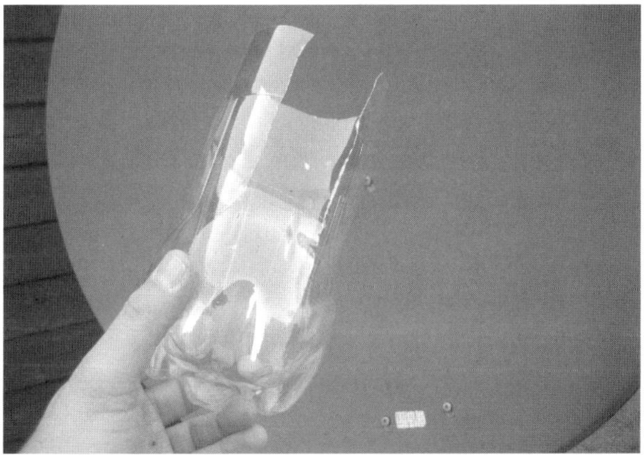

Bild 3.26 Unsere selbst gebaute Schutzflasche ist montagebereit.

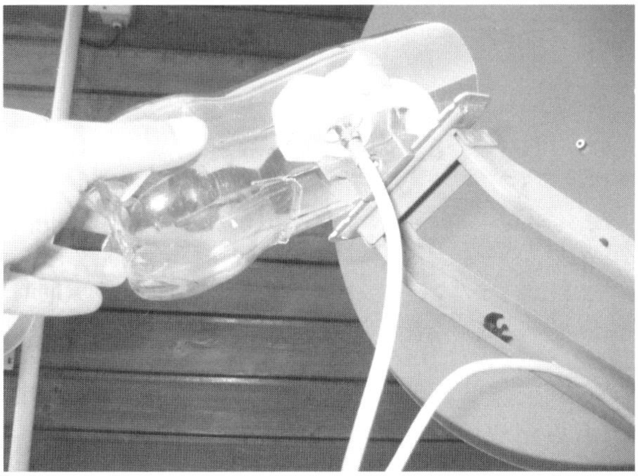

Bild 3.27 Sie lässt sich nun leicht über den LNB schieben.

Die aufgesteckte Flasche hält noch nicht fest. Dazu ist der Kunststoff vieler Einwegflaschen zu dünn und somit zu elastisch. Sie lässt sich aber leicht mit einem Klebeband, das einfach mehrmals an geeigneter Stelle über sie und den LNB-Arm gewickelt wird, fixieren.

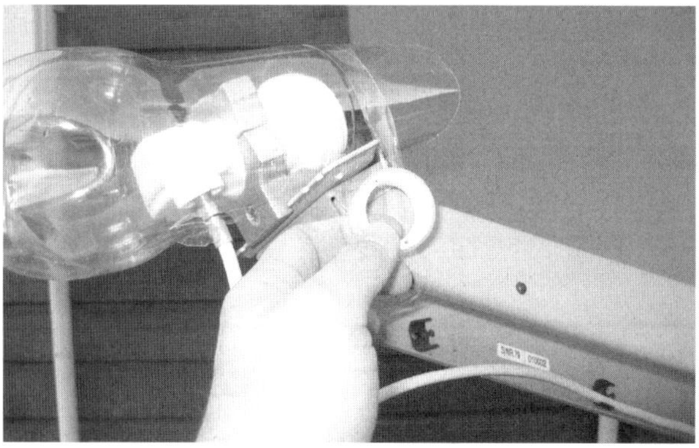

Bild 3.28 Mit etwas Klebeband wird die Flasche an der Antenne angeklebt. Das hält prima und erfüllt seinen Zweck.

Zur Herstellung und Montage des LNB-Flaschendachs sind nur wenige Minuten zu investieren. Für die gesamte Arbeit benötigt man rund drei Minuten. Der Kostenaufwand beschränkt sich auf wenige Cent.

Im Vergleich zur professionellen Lösung ist die Schutzflasche ziemlich filigran. Sofern sie an der Antenne gut befestigt wurde, kann sie aber ihre Schutzaufgabe ebenfalls über Jahre hinweg erfüllen.

Bild 3.29 Der Schutz ist zwar nicht überaus formschön. Dafür ist er in wenigen Minuten hergestellt und kostet so gut wie nichts.

Allzu sturmfest ist die Bastellösung jedoch nicht. Es kann also durchaus sein, dass sie bei einem stärkeren Sturm weggeweht wird. Der dadurch entstandene Schaden hält sich allerdings in Grenzen, und außerdem ist innerhalb weniger Minuten ein neuer Schutz angefertigt.

4 Sat-Empfang hinter Glas

Eine eigene Sat-Schüssel im Freien zu montieren ist nicht immer ohne Weiteres möglich. Vor allem dann nicht, wenn der Vermieter die Installation einer eigenen Sat-Antenne verbietet. Mitunter möchte man aber auch einfach die Hausfassade nicht durch eine Schüssel verschandeln. Die Frage, ob Sat-Empfang nicht auch hinter Glas möglich ist, ist deshalb so alt wie der Satelliten-Direktempfang selbst. Grundsätzlich würde Satellitenempfang durch das Fenster funktionieren. Dennoch ist von dieser Lösung abzuraten. Zu viele Faktoren sind zu berücksichtigen, die kaum dazu beitragen, den Wohnkomfort zu steigern.

4.1 Ohne Südfenster geht nichts

Damit der Sat-Empfang von innen überhaupt funktionieren kann, ist ein nach Süden ausgerichtetes Fenster erforderlich. Nur bei geöffnetem Fenster strahlen die Satellitensignale in einen kleinen Bereich ins Innere. Exakt hier muss die Antenne aufgebaut werden. Spätestens jetzt stellt man fest, wie viel Platz eine herkömmliche Schüssel beansprucht. Für eine 90-cm-Antenne ist etwa ein Kubikmeter Raum erforderlich. Da auch Sat-freundliche Gläser eine nicht zu vernachlässigende Signaldämpfung aufweisen, scheiden für den Indoor-Empfang kleine, unauffällige Spiegel aus. Kompakte Schüsseln der 40-cm-Klasse oder Flachantennen, so wie sie für Camping-Anwendungen bekannt sind, eignen sich deshalb nicht. Als Mindestdurchmesser sind 90 cm anzuraten.

Alles eine Frage des Glases

Ob man aber selbst mit einer 90-cm-Schüssel Empfang hat, bestimmen die in den Fenstern eingebauten Gläser. Klassische, nur wenige Millimeter dicke, einfache Scheiben kommen heute kaum noch zum Einsatz. Am ehesten findet man sie noch im nicht beheizten Geräteschuppen. Allgemeiner Standard sind schon seit vielen Jahren Wärmeschutzgläser. Sie haben eine aufgedampfte Metallschicht, die das Entweichen von Wärme weitgehend verhindert. Wärmeschutzgläser mit zwei Scheiben haben einen UG-Wert von rund 0,9 bis 1,6. Drei-Scheiben-Wärmeschutzgläser haben einen UG-Wert von 0,4 bis 0,8. Sat-Empfang ist durch sie unmöglich.

INFO!

UG-Wert

Der UG-Wert gibt den Isolierwert einer Glasscheibe an. Je niedriger der Wert ist, umso besser isoliert das Glas, womit die Heizkosten sinken. Er wird in kWh/m^2K angegeben.

Bild 4.1 Aktuelle Wärmeschutzgläser sind metallbedampft. Sie sind zu erkennen, wenn man durch sie ein weißes Blatt Papier ansieht. Rechts ist eine altmodische Isolierglasscheibe zu erkennen, die keinerlei Verfärbung aufweist.

Diese Wärmeschutzgläser zeichnen sich durch ihre hohe Isolierwirkung aus, lassen also nur noch wenig Wärme von innen ins Freie entweichen. Diese Gläser gibt es in einer breiten Modellvielfalt. Sie alle sind mit einer dünnen Metallschicht bedampft. Schaut man durch eine solche Scheibe, fällt das nicht auf. Wie aber allgemein bekannt ist, lassen Metalle keine Funksignale passieren.

Das gilt im Wesentlichen auch für moderne, durchweg metallbedampfte Fensterscheiben. Sie versperren Satellitensignalen den Weg, da ihre Dämpfung enorm ist. Das trifft im Übrigen auch für DVB-T-, UKW- oder etwa Handy-Empfang zu und ist somit auch die Ursache dafür, dass hinter beschichteten Scheiben kein Handy-Netzempfang möglich ist.

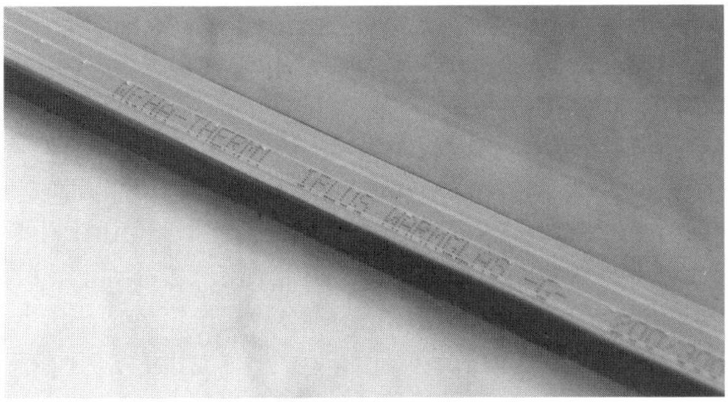

Bild 4.2 Nicht immer weiß man, welche Glasscheiben in den Fenstern eingebaut sind. Fast jede Scheibe ist am Metallsteg zwischen Innen- und Außenscheibe an einer Stelle mit der genauen Typenbezeichnung beschriftet. Mit ihr kann der Fachmann über die Eigenschaften der Scheibe Auskunft geben.

Die Signaldurchlässigkeit einer Scheibe ist umso geringer, je besser ihr Isolierwert ist. Im modernen Wohnungsbau kommen üblicherweise Gläser mit hohem Isolierwert zum Einsatz – übrigens schon seit vielen Jahren. Das hilft Heizkosten sparen und schont auch die Umwelt. Auch spezielle Sonnenschutzgläser, wie sie an manchen Hochhäusern zu finden sind, erleichtern den Empfang nicht. Sie sind ebenso mit einer isolierenden Metallschicht bedampft.

4.2 Steht das Haus auch richtig?

Das Glasmaterial alleine entscheidet noch nicht, ob der Satellitenempfang auch wirklich gelingt. Er wird auch davon beeinflusst, in welchem Winkel die Funkwellen durch die Scheibe treffen. Dringen sie im rechten Winkel durch sie hindurch, bestehen die größten Empfangschancen. Dazu muss das Fenster exakt auf den anzupeilenden Satelliten ausgerichtet sein. In unseren Breiten kommt ohnehin nur Astra auf 19,2° Ost infrage. Seine Transponder verfügen über die meiste Power, was unser Vorhaben grundsätzlich begünstigt.

Bild 4.3 Wegen der Glasdämpfung sollte die Schüssel rund 90 cm groß sein. Sie beansprucht rund 1 m^3 Rauminhalt, kippt leicht um und ist daher nur unter Schwierigkeiten sicher zu installieren.

Dringen Satellitensignale schräg durch die Scheibe, werden sie stärker gedämpft. Zum einen ist dabei der Weg größer, den die Funkwellen im Glas zurückzulegen haben. Zum anderen wird mit zunehmender Schräge der Bereich im Raum kleiner, in den Satellitensignale einfallen, womit die Empfangswahrscheinlichkeit umso mehr sinkt, je schräger die Signale in den Innenraum strahlen. Eine größere Schüssel kann hier kaum Abhilfe schaffen. Wird im Raum zum Beispiel nur noch die Breite von 45 cm mit Sat-Signalen ausgeleuchtet, bleibt der überwiegende Teil des Reflektors einer größeren Antenne wirkungslos, womit selbst eine 120er-Schüssel kaum zum Ziel führen wird.

Bild 4.4 Ist die Schüssel größer als die Fensterbreite, bleibt ein Teil des Reflektors wirkungslos. Sat-Empfang hinter Glas funktioniert nur, wenn die Sat-Signale etwa im rechten Winkel durch die Scheibe dringen. Strahlen sie schräg in den Raum ein, wird nur ein sehr kleiner Bereich ausgeleuchtet. Zu sehen ist dies an den Sonnenstrahlen am Boden.

4.3 Fensterscheiben kann man tauschen

Von Vorteil bei Fenstern ist, dass man ihre Gläser leicht austauschen kann. Ersetzt man ein modernes Wärmeschutzglas gegen eine altmodische, einfache Glasscheibe, so wie sie vor dem Aufkommen doppelverglaster Scheiben genutzt wurden, steigen die Chancen auf Sat-Empfang in den eigenen vier Wänden enorm. Aber selbst hier gilt: Beschichtete Gläser sind tabu! Neben Glas bieten sich auch diverse Kunststoffe an. Auch sie zeigen sich signaldurchlässiger. Wobei auch das zu relativieren ist: Je dicker die Kunststoff- oder einfache Glasscheibe ist, umso stärker dämpft auch sie das Sat-Signal. Eine Dämpfung von rund 5 dB tritt selbst unter besten Voraussetzungen auf. Meist ist die Dämpfung sogar noch höher. Erfolg versprechend ist auch der Einsatz von Isolierglas. Darunter versteht man inzwischen aus der Mode gekommene doppelverglaste Scheiben ohne Metallbedampfung. Sie eignen sich durchaus für Sat-Empfang hinter Glas.

Ihre UG-Werte liegen bei rund 2,9 bis 3,1 und lassen ebenfalls viel wertvolle Wärmeenergie nach außen entweichen.

Glastyp	Doppelverglasung	Einfachverglasung	Empfang möglich
Wärmeschutzglas	x	nein	ca. 16 dB bis vollständige Dämpfung
Isolierglas	x	ja	ca. 5 bis 7 dB
einfache Glasscheibe	x	ja	ca. 3 bis 4 dB

Da für ein Funksignal durchlässige Scheiben nur eine zu vernachlässigende Isolierwirkung haben, strahlt durch sie auch viel Wärmeenergie ins Freie ab. Sie müssen also mit steigenden Heizkosten rechnen. Bieten sich mehrere Räume für den Satellitenempfang an, sollte man nicht unbedingt das Wohnzimmer wählen. Hier stört die Schüssel am meisten. Besser eignet sich etwa das Schlafzimmer, zudem hier meist sowieso weniger geheizt wird als in anderen Wohnbereichen.

4.4 Schüsselmontage in der Wohnung

Sat-Antennen werden zumindest im Freien an einem Mast oder einer Wandhalterung montiert. Beides steht in der Wohnung nicht zur Verfügung. Dennoch sollten Sie eine Lösung finden, wie der Spiegel solide und zuverlässig montiert werden kann. Der Sonnenschirmständer beispielsweise kommt dafür nicht infrage. Satellitenantennen sind bedingt durch den LNB-Arm sehr kopflastig, weshalb eine an einen Sonnenschirmständer montierte Schüssel sehr leicht umkippen kann. Schäden an der Antenne und etwa dem Mobiliar sind die unausweichliche Folge, was wir auch während unserer Tests erleben mussten. Auch die Möglichkeit, den Fuß des Schirmständers mit geeigneten Mitteln zu beschweren, ist keine Alternative. Wer will schon eine Stolperfalle in den eigenen vier Wänden? Das Montagerohr am Fußboden anzuschrauben, scheidet ebenso aus.

Satellitenempfang hinter Glas ist und bleibt eine Notlösung. Denn die Wahrscheinlichkeit, dass er nur unzureichend oder gar nicht funktioniert, ist sehr hoch. Größte Erfolgschancen hat man noch beim analogen Empfang. Der funktioniert auch noch, wenn wegen des geringen Pegels Fischchen (Bildrauschen) zu sehen sind. Da die analoge Verbreitung erster Programme auf Astra bereits seit 2008 eingestellt wird, lohnt sich heute der Kauf einer analogen Sat-Anlage nicht mehr. Digitale Signale erfordern einen Mindestpegel, um überhaupt empfangen zu werden. Sie kommen entweder einwandfrei oder gar nicht an.

Ist analoger Empfang hinter Glas gerade noch mehr schlecht als recht möglich, ist digital längst nichts mehr zu machen.

Wie gut ist der Empfang hinter Glas?

Üblicherweise kommen heutzutage Wärmeschutzgläser im Wohnungsbau zum Einsatz. Ihre UG-Werte bewegen sich bei etwa 0,9 bis 1,2.

Bild 4.5 Je schräger die Satellitensignale durch die Scheibe dringen, umso höher ist die Dämpfung.

Da Wärmeschutzgläser metallbedampft sind, lassen sie kaum Rundfunksignale passieren. Wegen der Metallbedampfung haben heute übliche Scheiben auch einen Farbstich. Um welches Glas es sich handelt, ist üblicherweise im Metallsteg zwischen Innen- und Außenscheibe aufgedruckt. Von zehn getesteten aktuellen Glasscheiben erlaubte keine einzige den Satellitenempfang. Nur mit einem einfachen Isolierglas mit einem UG-Wert von 3,1, bestehend aus zwei je 4 mm dicken Glasscheiben, hatten wir Erfolg. Da diese Scheibe als einzige keine Metallbedampfung aufweist, hat sie auch keinen Farbstich.

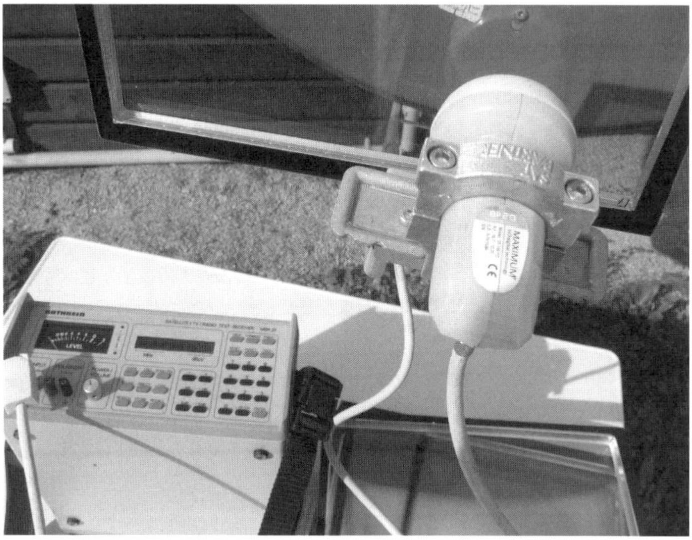

Bild 4.6 Wie gut der Empfang durch Glasscheiben funktioniert, wurde mit einem Messempfänger ermittelt.

Die Messwerte sprechen für sich. An unserer Testantenne haben wir im Freien einen Nutzsignalpegel von 18 dB über Grundrauschen. Mit aktuellen Wärmeschutzgläsern sinkt er auf maximal 2 dB. An Analog- oder gar Digitalempfang ist da nicht mehr zu denken. Weit bessere Werte liefert unsere Isolierglasscheibe. Sie dämpft nur um etwa 7 dB. Wir haben alle digitalen Astra-Programme einer kritischen Prüfung unterzogen und keine Mängel entdeckt. Bei gutem Digitalempfang funktionieren auch alle analogen Sat-Kanäle auf 19,2° Ost einwandfrei.

Auf 60er- oder 75er-Antennen braucht man erst gar nicht zu hoffen. Mit ihnen erreicht man kaum den erforderlichen Mindestsignalpegel. Das trifft auch für eine Flachantenne zu. Ein 90-cm-Spiegel bester Qualität und ein hochwertiger LNB sollten es schon sein. Auch der Digitalreceiver sollte schwache Signale gut empfangen können.

Die besten Chancen für Satellitenempfang hinter Glas hat man bei Schönwetter. Selbst bei einer guten 90-cm-Schüssel verfügt die Anlage kaum über Schlechtwetterreserven. Sie werden von der Glasdämpfung geschluckt. Nur sehr leistungsstarke Satelliten, wie etwa Astra auf 19,2° Ost, eignen sich grundsätzlich für Sat-Empfang hinter Glas. Schwächere Satelliten, wie etwa Türksat, kommen jedenfalls zu schwach an. Für den Indoor-Empfang ist auch von Doppel- oder Multifeed-Lösungen abzuraten, da auch sie auf Kosten wertvoller Empfangsfeldstärke, von der in der Wohnung ohnehin nur wenig haben ist, realisiert werden.

5 Sat-Empfang unter dem Dach

Immer wieder wird man mit der Frage konfrontiert, ob Sat-Empfang auch unter dem Dach funktionieren könnte. Hier ist die Wahrscheinlichkeit noch weitaus geringer als beim Satellitenempfang durch Glas, um nicht zu sagen, beinahe unmöglich. Ein alter Grundsatz des Satellitenempfangs besagt, dass zwischen Satellit und Antenne eine direkte Sichtverbindung bestehen muss. Ist diese nicht gegeben, funktioniert es nicht. Das erlebt man etwa im Freien, wenn ein Baum vor der Sat-Schüssel steht. An himmlisches TV-Vergnügen ist dann nicht mehr zu denken. Wie stark diese Dämpfung ist, hängt in erheblichem Maße vom Material ab. Das kann man durch einfache Versuche selbst ergründen. Schiebt man etwa ein Blatt Papier vor den LNB, stört das nicht. Auch Kunststoffe erweisen sich durchaus als signaldurchlässig. Dächer bestehen jedoch aus mehreren Schichten und haben auch eine beachtliche Dicke.

Bild 5.1 Zahllose Dachbedeckungsmaterialien stehen zur Wahl. Sie dämpfen Satellitensignale zwar unterschiedlich, aber dennoch meist sehr stark. Am signaldurchlässigsten sind Kunststoff-Dachziegel.

5.1 Satellitentaugliches Dachbedeckungsmaterial

Klassische Dachziegel werden etwa aus Ton oder Beton gefertigt. Ihre Dicke bewegt sich zwischen 1,7 und 7 cm. Außerdem können Platten aus Faserzement zur Anwendung kommen. Zum Teil sind auch Blechdächer aus Aluminium, Kupfer oder verzinktem Blech beliebt. Ferner sind unter anderem Holz- oder Strohdächer erwähnenswert. Ob sich ein Dachbedeckungsmaterial für Satellitenempfang eignet, lässt sich sehr einfach überprüfen. Dazu braucht man die Schüssel nicht einmal am Dachboden aufzubauen. Aufgabe des Reflektors ist, die vom Satelliten abgestrahlten Signale aufzufangen und zu einem gemeinsamen Brennpunkt zu bündeln. Damit wird der für guten Empfang benötigte Signalpegel genau an dem Ort erreicht, an dem der LNB montiert ist. Die Menge der Satellitensignale, die vom Himmel auf den Reflektor auftreffen, ist somit die gleiche wie die, die vom Reflektor gebündelt und gezielt zum LNB weitergeleitet wird.

Wollen Sie überprüfen, ob Signale ein Material durchdringen können, genügt es, das Material direkt vor den LNB zu halten. So erreicht man mit einem einzigen Dachziegel die gleiche Wirkung, als ob sich die Antenne komplett unter dem Dach befinden würde.

Bild 5.2 Um die Dämpfung von Dachziegeln zu ermitteln, genügt es, sie direkt vor den LNB zu halten.

Bei diesem Versuch wird ausschließlich ermittelt, wie sehr verschiedene Dachbedeckungsmaterialen dämpfen. Dazu werden verschiedene Dachziegel direkt vor dem LNB platziert. Für alle Tests kommt eine 90-cm-Schüssel zum Einsatz. Bei wolkenlosem Himmel wird über einen analogen Transponder auf Astra ein Nutzsignalpegel von 17,5 dB über Grundrauschen ermittelt.

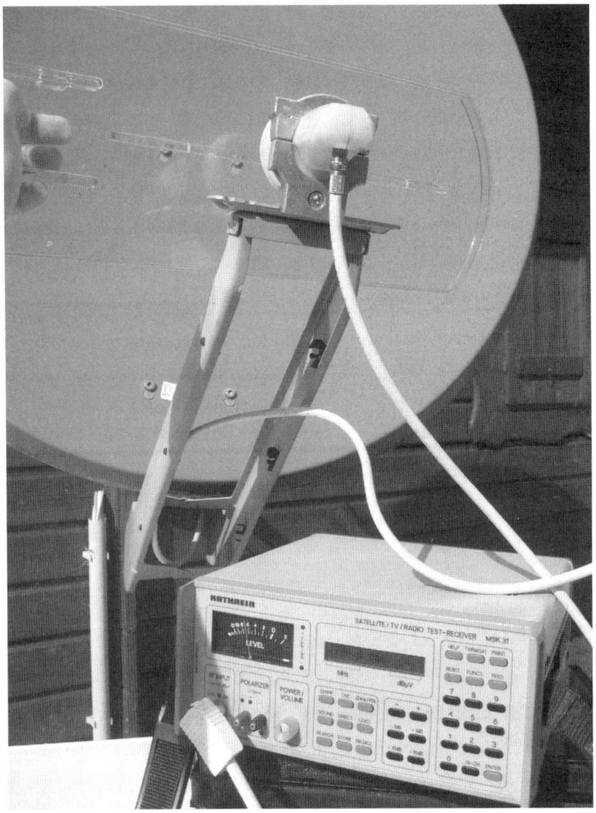

Bild 5.3 Wie gut Sat-Empfang durch Dachziegel funktioniert, kann mit dem Messempfänger überprüfen.

Blechdach

Im Versuch wurde zunächst das Muster eines Blechdachs getestet. Verzinktes Blech, Kupfer oder Aluminium sind vereinfacht ausgedrückt Metalle, die Rundfunkwellen vollständig abschirmen. Die Blechdicke ist dabei unerheblich. Satellitenempfang ist hinter ihnen in jedem Fall unmöglich. Unter einem Blechdach hat man auch keine Chance, terrestrische Signale, wie DVB-T, UKW oder etwa DAB, zu empfangen.

Faserzement

Auch Faserzement dämpft sehr stark. Unser Muster lässt immerhin bis zu 3 dB an Nutzsignal passieren. Das reicht, um mit dem angeschlossenen Analog-Receiver auf beinahe allen analogen Astra-Transpondern zumindest Signalreste mit kaum erkennbaren Inhalten wahrzunehmen. Auf wenigen Kanälen sind auch Farbbilder und Tonfetzen erahnbar. Die ebenfalls angeschlossene Digitalbox konnte aber mit den sehr schwachen Signalen nichts anfangen.

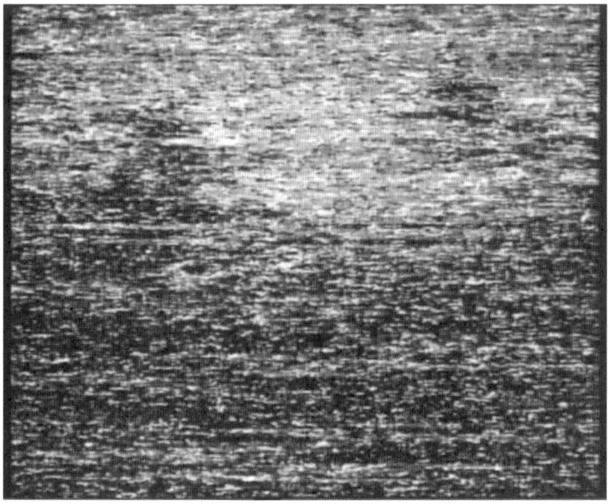

Bild 5.4 Faserzementziegel lassen kaum Satellitensignale durch. Mehr als schemenhafte analoge Reste kann man nicht empfangen.

Ton- und Betonziegel

Ton- und Betonziegel sind überaus stabile, ebenfalls stark dämpfende Materialien. Beim Tonziegel kamen immerhin etwas stärkere Pegel als bei den Faserzementplatten durch. Mit bis zu 4 dB über Grundrauschen bekamen einige analoge Sender schon etwas an Konturen und ließen erste grobe Details erahnen. Mitunter reicht die Bildqualität schon, um zumindest bekannte Stationslogos wiederzuerkennen. Mit den geringfügig stärkeren Signalen kann unser Digitalreceiver noch nicht viel anfangen. Der digitale Sendersuchlauf blieb auch hier erfolglos.

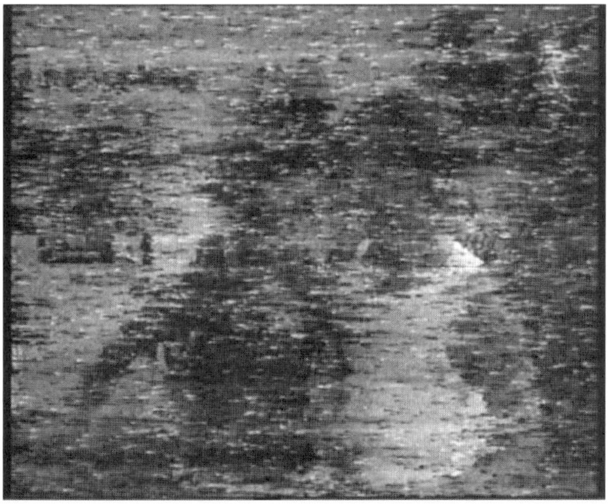

Bild 5.5 Betonziegel sind etwas signaldurchlässiger. Für alltagstauglichen Satellitenempfang reichen die Resultate jedoch nicht einmal annähernd. Digitaler Empfang ist nicht möglich.

Der Betondachziegel zeigt sich etwas signaldurchlässiger. Mit rund 1 dB mehr an Nutzsignal bekommen die analogen TV-Programme etwas mehr Kontur. Von brauchbarem, ja sogar einwandfreiem Empfang ist man allerdings nach wie vor meilenweit entfernt. Etwa die Hälfte der Programme liefert erkennbare Bilder und verständlichen Ton. Für Digitalempfang reicht der Pegel aber nach wie vor nicht.

PVC-Dachziegel

Anders als bei den anderen Materialien dämpft ein durchsichtiger PVC-Dachziegel das Nutzsignal nur um rund 3 bis 4 dB, womit etwa 13 dB Nutzsignalpegel erhalten bleiben. Damit gelingt auf allen Astra-Transpondern einwandfreier Analog- und Digitalempfang. PVC scheint durchaus für Satellitenempfang unterm Dach geeignet zu sein. Allerdings ist zu berücksichtigen, dass für unseren Test ein sehr dünnwandiger, durchsichtiger PVC-Dachziegel zum Einsatz kam.

Für großflächige Dachbedeckungen wäre er laut Auskunft eines Dachdeckermeisters nicht geeignet. Dieses Modell ist primär dafür gedacht, mit einzelnen Ziegeln dieser Art etwas Licht in den Dachboden zu lassen. Großen Hagelkörnern würden sie zum Beispiel nicht standhalten. Würde man auf einen stabileren PVC-Ziegel zurückgreifen, würde auch er für eine höhere Dämpfung sorgen.

Die Tests zeigen zeigen einen weiteren nicht zu vernachlässigenden Effekt. Wie stark Satellitensignale gedämpft werden, hängt auch vom Winkel ab, in dem sie das Dach passieren. Treffen die Signale im rechten Winkel auf, müssen sie nur die tatsächliche Materialstärke durchdringen. Je schräger sie auf das Dach auftreffen, umso längere Strecken müssen sie im Material passieren. Damit steigt auch die Dämpfung. Die Signaldurchlässigkeit ändert sich also mit der Dachneigung.

Die geringste Dämpfung ist zu erwarten, wenn die auf den Satelliten ausgerichtete Schüssel parallel zur Dachfläche angeordnet ist. Strahlt der Satellit aber sozusagen von der Seite ein, haben die elektromagnetischen Funkwellen auch hier eine höhere Wandstärke zu bewältigen. Damit werden die Signale ebenfalls stärker gedämpft.

5.2 Ein Dachziegel allein macht noch kein Dach

Ob Satellitenempfang unter Dach funktioniert, wird nicht nur vom verwendeten Dachbedeckungsmaterial beeinflusst. Mit Dachziegeln alleine ist es leider noch nicht getan. Es muss auch die gesamte Dachstuhlkonstruktion berücksichtigt werden. Da moderne Kaltdächer aus mehreren Schichten bestehen (Dachstuhl, Verschalung, Matten und Dachziegel), sinkt hier die Chance gegen Null, unterm Dach Sat-TV zu empfangen.

Bild 5.6 Wir hatten unterm Dach kein Glück. Nicht einmal Reste eines Satellitensignals gingen uns ins Netz.

Vereinzelt werden spezielle Dachziegel, die auf Kunststoffen basieren, angeboten. Um mit ihnen Erfolg zu haben, ist auch eine entsprechende Dachstuhlkonstruktion erforderlich. Im Bereich der Sat-Schüssel darf auch kein Kaltdach vorhanden sein. Es sind also andere Maßnahmen zu treffen, um nicht zu viel Wärmeenergie durch das Dach entweichen zu lassen.

Ein halbwegs signaldurchlässiges Dach erkauft man sich in der Regel mit höheren Heizkosten und nimmt mitunter auch eine verringerte Stabilität des Daches in Kauf. Die Gefahr, dass das Dach bei Sturm Schaden nimmt, steigt ebenfalls. Selbst unter guten Voraussetzungen wird mit einer 90-cm-Antenne nicht viel auszurichten sein. Wegen der durchweg sehr hohen Dämpfung sind größere Spiegel dringend anzuraten. Der Mindestdurchmesser dürfte bei 120 cm bester Qualität liegen. Wobei aus unserer Sicht eher eine 150-cm-Schüssel empfehlenswert erscheint.

Die Signaldurchlässigkeit eines Dachs ist jahreszeitlichen Schwankungen unterworfen. Ist es im Winter mit einer (dickeren) Schneeschicht bedeckt, kann der Satellitenempfang mitunter für mehrere Monate vollständig ausfallen. Hier könnte jedoch der Einbau einer »Dachheizung« Abhilfe schaffen.

6 Sat-Empfang mit Flachantennen

Flachantennen haben mit einer normalen Sat-Schüssel wenig gemeinsam. Einen gebogenen Reflektor oder einen LNB-Arm, so wie wir sie von jeder üblichen Sat-Schüssel kennen, suchen wir hier vergebens. Flachantennen sind, wie schon ihr Name sagt, flach. Sie sind nicht einmal rund, sondern, je nach Modell, quadratisch oder rechteckig. Da es zudem keine nach vorne ragenden Teile gibt, sind sie nur schwer als Sat-Antennen zu identifizieren.

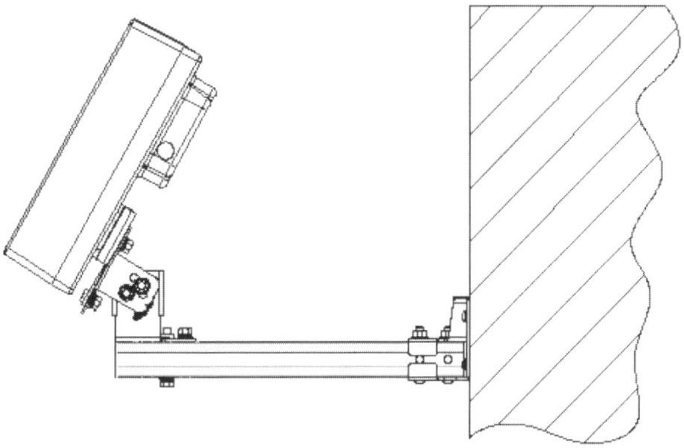

Bild 6.1 Zumindest kleine Flachantennen werden mit umfangreichem Montagezubehör geliefert. Dieses erlaubt, die Antenne auf vielfältige Art zu montieren. Die einfachste Möglichkeit ist, sie an die Wand zu schrauben.

Flachantennen sind nur für den Empfang leistungsstarker Direkt-to-Home-Satelliten wie Astra oder Hot Bird vorgesehen. Mit den Empfangsleistungen üblicher Offset-Spiegel können sie nicht mithalten. Dass Flachantennen dennoch so gut funktionieren, beruht auf einer Eigenart der digitalen Signalübertragung.

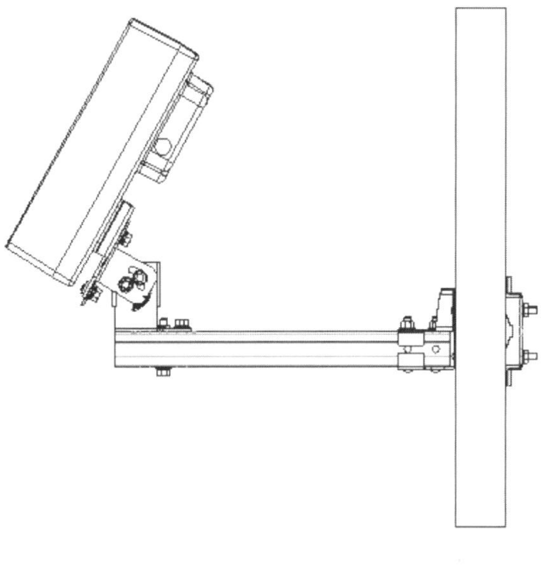

Bild 6.2 Flachantennen lassen sich ebenso gut am Balkongeländer befestigen und fallen so nur wenig auf. (Bild: Selfsat)

Während sich beim analogen Sat-TV zu geringe Empfangspegel etwa durch Fischchen im Bild bemerkbar machen, die umso mehr zunehmen, je schwächer das Signal ist, gibt es beim Digitalfernsehen nur zwei Signalzustände. Entweder ist der Empfang einwandfrei oder er gelingt gar nicht. Solange der Signalpegel zumindest einen Mindestwert erreicht, kann man sich einwandfreier Bilder erfreuen.

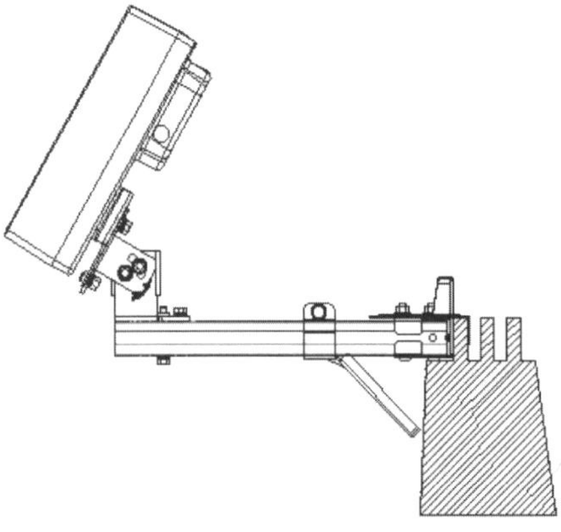

Bild 6.3 Eine weitere Montagemöglichkeit der Flachantenne ist am Fensterrahmen. (Bild: Selfsat)

Flachantennen haben einen relativ großen Öffnungswinkel von rund 3°. Um den gewünschten Satelliten zu bekommen, muss die Antenne deshalb nicht sonderlich genau ausgerichtet werden. Dennoch ist es wichtig, dass man beim Einrichten den Signal- und Qualitätspegel in der Receiver-Menüoberfläche beobachtet und das Signalmaximum anstrebt. Nur dies garantiert bestmöglichen Empfang.

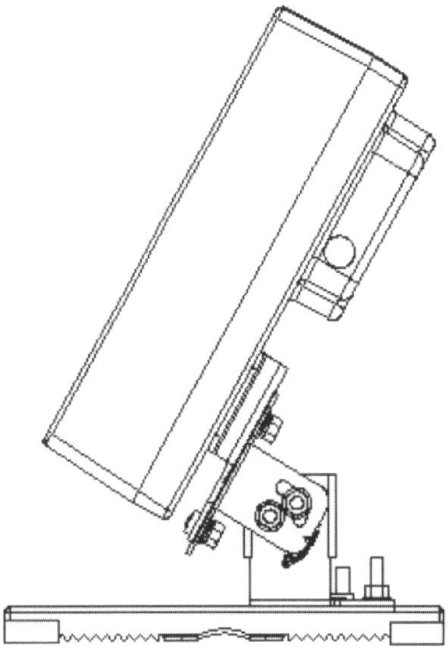

Bild 6.4 Am unkompliziertesten ist es, wenn man eine kleine Sat-Antenne mit dem mitgelieferten oder zusammenzubauenden Tischständer montageunabhängig betreibt. (Bild: Selfsat)

6.1 Ausrichten einer Flachantenne

Das Ausrichten einer Flachantenne dauert nur wenige Minuten. Wegen des für kleine Antennen allgemein typischen großen Öffnungswinkels sind der Satellit und der maximale Signalpegel schnell gefunden. An der Antenne sind drei Einstellungen vorzunehmen.

- Der Azimutwinkel gibt die Satellitenposition in Grad bezogen auf den Aufstellungsort an. Vereinfacht ausgedrückt, wird beim Schwenken der Antenne von Ost nach West der Azimut verändert.
- Die Elevation gibt die Schräge in Graden an, mit der die Antenne zum Satelliten schaut. Bei normalen Sat-Schüsseln werden diese Einstellungen durch Schwenken und Neigen des Reflektors vorgenommen.
- Weiter ist noch der sogenannte Kreuzpolarisationswinkel einzustellen. Bei herkömmlichen Antennen wird er durch das Drehen des LNBs um wenige Grade nach links oder rechts angepasst. Da bei Flachantennen der LNB fix eingebaut ist, ist die gesamte Antenne zu schwenken. Schon bei geringfügig falsch eingestelltem Kreuzpolarisationswinkel werden wertvolle dB Empfangsleistung verschenkt.

INFO!

Kreuzpolarisationswinkel

Der Kreuzpolarisationswinkel ergibt sich aus der Lage des Empfangsorts und des angepeilten Satelliten. Nur bei korrekt eingestellter Kreuzpolarisation kann der LNB die horizontalen und vertikalen Signale optimal voneinander trennen.

Selbst größere, quadratische Flachantennen haben bestenfalls die Empfangsleistung einer 55-cm-Schüssel. Deshalb entscheidet der Kreuzpolarisationswinkel über die Schlechtwetterreserven oder darüber, ob die gewünschten Satellitenprogramme überhaupt empfangen werden können. Selbst wenn die Kreuzpolarisation bei Astra oder Hot Bird nur wenige Grad ausmacht, macht sie sich deutlicher bemerkbar, als man vermuten würde. Die exakten Werte sind häufig in ausführlichen Tabellen für die wichtigsten Satellitenpositionen in der Bedienungsanleitung abgedruckt.

Die Angabe der Parameter für mehrere Satellitenpositionen heißt freilich nicht, dass sie mit der Antenne am Aufstellungsort auch tatsächlich gesehen werden können. Auch wenn Flachantennen im Vergleich zu herkömmlichen Sat-Spiegeln äußerst kompakt sind, sollte ihr Platzbedarf nicht unterschätzt werden. Er macht sich speziell beim Elevationswinkel, also der Schräge, mit der die Antenne auszurichten ist, bemerkbar.

Übliche Offset-Schüsseln schielen zum Satelliten, weshalb ihre Reflektoren ziemlich steil stehen. Auf die Oberfläche einer Flachantenne müssen die Sat-Signale jedoch im rechten Winkel auftreffen. Sie schauen deshalb mit einem rund 20° flacheren Winkel zum Satelliten. Flachantennen brauchen demnach, von der Befestigungsschelle aus gesehen, auch nach hinten etwas Platz. Ihn gilt es bei der Wahl des geeigneten und vor allem unauffälligen Aufstellungsortes zu berücksichtigen.

6.2 Nur für einen oder zwei Teilnehmer

Flachantennen sind nicht dafür vorgesehen, ganze Sat-Verteilanlagen in Haushalten zu speisen. Bei ihnen lässt sich der LNB nämlich nicht ohne Weiteres austauschen, sondern ist fix eingebaut. Die meisten angebotenen Flachantennen sind mit einem nicht auswechselbaren Single-LNB ausgestattet. An ihn kann nur ein Receiver angeschlossen werden. Einige Flachantennen sind auch mit Twin-LNB verfügbar. An ihnen lassen sich immerhin zwei Receiver betreiben.

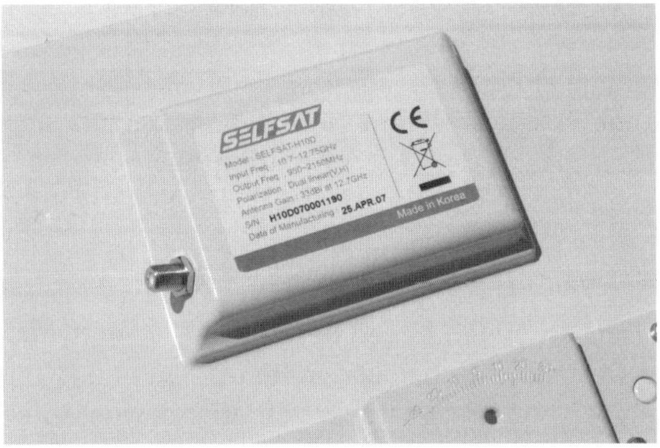

Bild 6.5 Der LNB ist bei Flachantennen in der Regel fix eingebaut und kann nicht getauscht werden. Da es sich meist um einen Single-LNB handelt, kann an Flachantennen nur je ein Receiver angeschlossen werden.

In den letzten Jahren wurden die Empfangsleistungen der LNBs kontinuierlich verbessert. Davon profitiert man zum Beispiel bei älteren Offset-Antennen, indem man einfach den alten, leistungsschwachen LNB gegen einen neuen, empfindlicheren austauscht. Damit kann man die Empfangsleistungen einer alten Schüssel verbessern. Diese Möglichkeit bieten Flachantennen nicht. Wir müssen uns mit der Qualität des Gesamtsystems abfinden. Ein nachträgliches Verbessern ist nicht vorgesehen.

6.3 Flachantenne der kleinsten Art

Zu den Flachantennen der kleinsten Art zählt die 2007 als Weltneuheit angepriesene kleine Flachantenne Selfsat H10D. Sie misst gerade einmal 47,5 x 25,9 x 7,4 cm und ist somit deutlich kleiner als andere Flachantennen. Ihre größeren Brüder sind quadratisch und bringen es auf eine Kantenlänge von rund 48 cm. Obwohl die Selfsat nur rund halb so groß ist, soll sie, laut Angaben des Generalimporteurs, ebenso gut funktionieren wie eine übliche Sat-Schüssel. Die Miniantenne ist für den digitalen Empfang leistungsstarker Satelliten, wie Astra auf 19,2° Ost oder Hot Bird auf 13° Ost, vorgesehen und soll den Zugriff auf bis zu 4.000 Kanälen bieten.

Bild 6.6 Die Selfsat H10D ist eine kompakte Flachantenne für den Empfang leistungsstarker Ku-Band-Satelliten.

So neu, wie die Selfsat-Miniantenne angepriesen wird, ist sie nicht. Öffnet man sie, entpuppt sie sich als typische Satellitenantenne vom Typ Hornanordnung mit doppelter Linear-Polarisation. Da dieses Verfahren schon seit Ewigkeiten bei Flachantennen, wie sie zum Beispiel beim Camping eingesetzt werden, zur Anwendung kommt, handelt es sich bei dieser Miniantenne keineswegs um eine Weltneuheit, sondern um eine altbekannte Technik.

Bild 6.7 Das Innenleben der Selfsat H10D. Sie zeigt den gleichen Aufbau, wie man ihn auch von anderen Flachantennen kennt.

Montage der Flachantenne

Die Antenne wird mit reichlich Zubehör geliefert, aus dem sich verschiedene Halterungen zusammensetzen lassen. Damit lässt sich die H10D unauffällig an der Wand, dem Balkon oder am Fenster montieren. Selbst der Einsatz mit einem Tischständer ist vorgesehen, womit sich die Antenne auch betreiben lässt, ohne sie irgendwo anschrauben zu müssen. Damit ergeben sich zahlreiche Varianten des unauffälligen Betriebs.

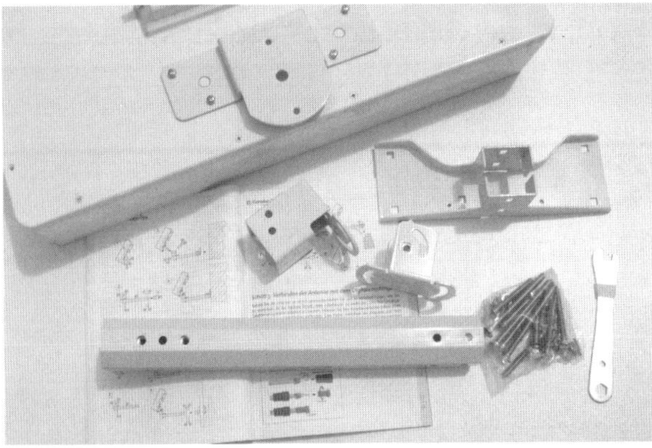

Bild 6.8 Vor der Montage der Antenne muss zuerst die aus mehreren Einzelteilen bestehende Halterung zusammengesetzt werden. Das benötigte Werkzeug und die Schrauben liegen bei. Das Handbuch gibt Auskunft über die Vorgehensweise.

Die kompakte Flachantenne ist zum Beispiel dann von besonderem Interesse, wenn man ein bestehendes Schüsselverbot umgehen möchte. Selbst wenn die Antenne an der Hausmauer montiert ist, erinnert sie nicht an eine Sat-Schüssel. Theoretisch könnte man das gute Stück sogar auf dem Fensterbrett befestigen. Da die Antenne ebenso weiß ist wie viele Fensterrahmen, fällt sie hier kaum auf.

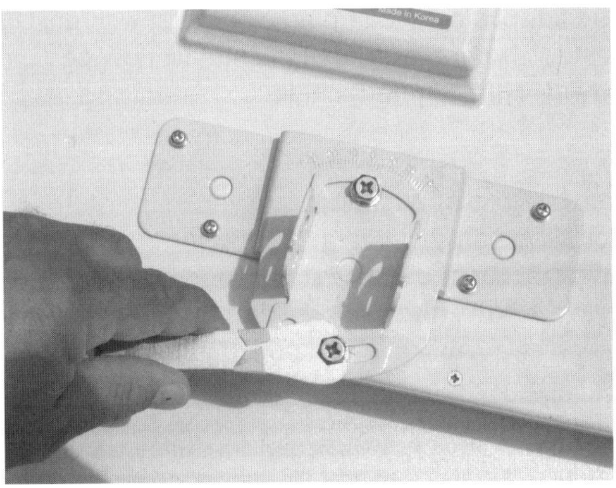

Bild 6.9 An der Skala im Bereich der Halterung muss vor dem Anbringen der Kreuzpolarisationswinkel eingestellt werden.

Für die Montage am Fensterrahmen spricht, dass sich das Fenster auch weiterhin ungestört öffnen lässt. Noch unauffälliger lässt sich die Antenne zum Beispiel auf dem Balkon aufbauen. Sie fällt etwa am Balkongeländer kaum auf. Da ihr Platzbedarf äußerst gering ist, beeinträchtigt sie die Nutzungsmöglichkeiten des Balkons auch nicht weiter.

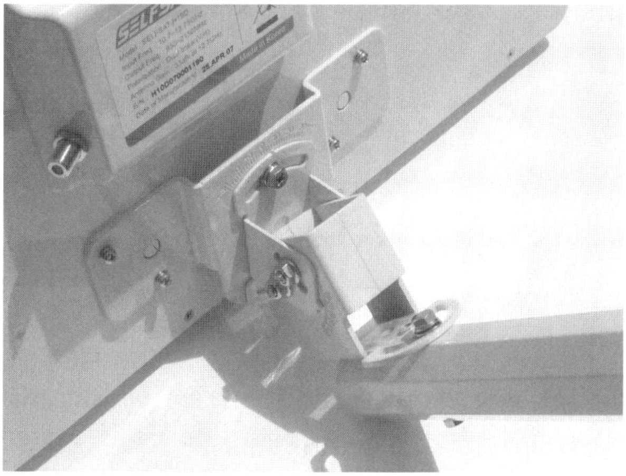

Bild 6.10 Die Einstellschrauben für Azimut, Elevation und Kreuzpolarisation sind leicht zugänglich.

Für das Aufbauen und Ausrichten der Antenne ist etwa eine Dreiviertelstunde erforderlich. Die meiste Zeit wird für den Zusammenbau und die Montage der Halterung beansprucht. Sämtliche Schrauben und der für sie erforderliche Schraubenschlüssel liegen bei. Im montierten Zustand macht die Antenne einen sehr stabilen Eindruck. Im Langzeittest konnten ihr auch größere Stürme nichts anhaben.

Empfangsleistungen im Praxistest

Laut vorauseilenden Werbesprüchen soll die kleine Antenne wahre Wunder bewirken und den Einsatz herkömmlicher größerer Spiegel überflüssig machen. Gerade mit diesen Argumenten stößt man bei all jenen, die keine Schüssel herkömmlicher Größe installieren wollen oder überhaupt unter einem Spiegelverbot leiden, auf hellhörige Ohren. Grund genug für uns, die kleine Selfsat H10D gegen einen 90-cm-Spiegel antreten zu lassen. Dabei müssen beide Antennen zeigen, was sie auf Astra 19,2° Ost empfangen.

Bild 6.11 Der Größenvergleich zwischen der Selfsat und der 90-cm-Antenne zeigt die unterschiedlichen Dimensionen der Antennen.

Wie viele Programme findet der Receiver?

Die ersten Tests finden bei wolkenlosem Himmel statt. Zuerst soll ein automatischer Sendersuchlauf zeigen, wie viele Programme unser Receiver an beiden Antennen findet. Werden mit der kleinen Flachantenne weniger Kanäle eingelesen, wäre das bereits ein Indiz für grobe Empfangsschwächen. Hier schlägt sich die Selfsat jedoch tapfer und liest ebenso viele TV- und Radiostationen ein wie die große Antenne.

Bild 6.12 Die Flachantenne ist wie eine Primefocus-Antenne auszurichten. Weshalb sie im Vergleich zu Offset-Schüsseln eher flach gen Himmel schaut.

Den Nutzsignalpegel ermitteln

Als Nächstes wird der Nutzsignalpegel ermittelt. Mit der 90er-Schüssel erreichen wir 19 dB, womit mehr als ausreichende Schlechtwetterreserven vorhanden sind. Die H10D bringt es hingegen nur auf 8,5 dB, kann also mit üblichen Sat-Spiegeln ab 60 cm Durchmesser nicht mithalten. Damit ist auch widerlegt, dass diese extrem kleine Antenne eine herkömmliche Schüssel ersetzen kann. Um dieser Aussage zustimmen zu können, hätten wir einen deutlich über 10 dB liegenden Nutzsignalpegel erwartet.

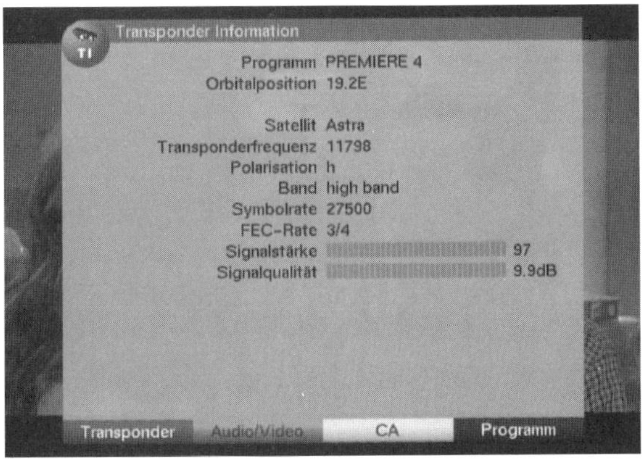

Bild 6.13 Signalvergleich zwischen großer und kleiner Antenne. Während mit unserer 90-cm-Schüssel voller Pegelausschlag erreicht wird ...

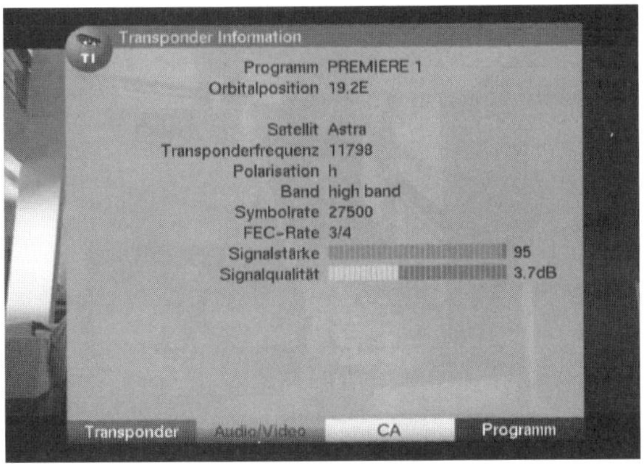

Bild 6.14 ... lässt dieser mit der Selfsat H10D zum Teil deutlich zu wünschen übrig.

Zumindest funktionieren mit der Miniantenne bei wolkenlosem Himmel alle Programme einwandfrei, wenngleich ihre Pegel kaum Signalreserven erkennen lassen. Immerhin weist auch das Handbuch auf mögliche Signalausfälle bei starkem Regen hin. Diesen Punkt finden wir insofern erwähnenswert, weil er anschaulich zeigt, wie sehr der Hersteller bemüht ist, keine blauen Wunder zu versprechen.

Wie wenig unsere Miniaturantenne mit üblichen Sat-Spiegeln vergleichbar ist, zeigt die Tabelle. Sie verrät, dass etwa zwischen der Selfsat- und einer guten 60er-Antenne annähernd 3 dB Signalunterschied herrschen. Auch im Vergleich mit der Kathrein-Flachantenne scheint unser Testkandidat schlecht abzuschneiden. Allerdings muss berücksichtigt werden, dass die Kathrein-Flachantenne BAS60 eine rund zweimal so große wirksame Fläche hat. Die Tabelle zeigt einen Vergleich der Empfangsleistungen.

Antenne	Antennengewinn bei 12,75 GHz	Antennentyp
Selfsat H10D	33 dB	Flachantenne
Kathrein BAS60	ca. 34,9 dB	Flachantenne
Kathrein CAS 06	35,9 dB	Offset-Antenne
Kathrein CAS 075	38,1 dB	Offset-Antenne
Kathrein CAS 09	39,6 dB	Offset-Antenne

Schlechte Witterungsverhältnisse simulieren

Zur Simulation schlechter Witterungsverhältnisse ist der Flachantenne ein Abschwächungsfilter in Form eines metallbedampften Papiers beigelegt. Mit ihm lässt sich die aktive Antennenfläche zu etwa 25 % abdecken. Mit einem Messempfänger ermitteln wir damit einen Signalverlust von rund 2,5 dB. Wie sich herausstellt, ist das bereits zu viel für die Antenne.

Bild 6.15 Schlechtwettersimulation: Nachdem ein Viertel der aktiven Antennenfläche mit einer im Lieferumfang enthaltenen Abschwächungsfolie abgedeckt wurde, sinkt der Signalpegel um durchschnittlich 2,5 dB.

Auf den ZDF-Transponder muss ebenso verzichtet werden wie auf mehrere deutsche Spartensender. Auf dem MTV-Transponder, auf dem auch Viva und Comedy Central aufgeschaltet sind, reicht es zumindest für ein stark verpixeltes Bild. Hart an der Grenze sind unter anderem auch die ARD-Transponder, die gerade noch funktionieren. Lange Umschaltzeiten deuten aber darauf hin, dass wir kurz vor dem Signalverlust stehen.

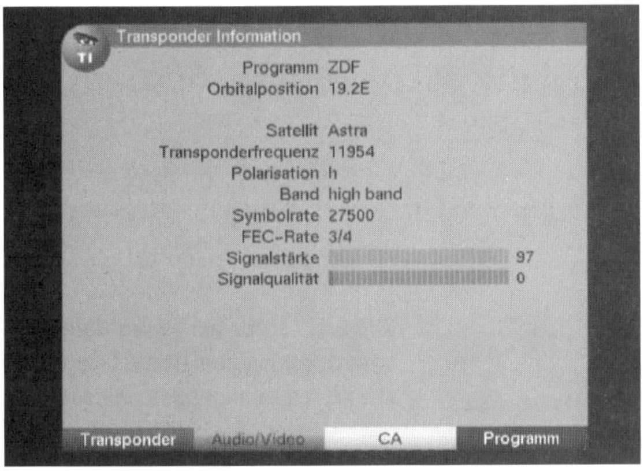

Bild 6.16 Für den digitalen ZDF-Transponder ist der Signalpegel, wie auch bei vielen anderen Kanälen, schon zu gering. Bei Schlechtwetter ist mit dem Ausfall zahlreicher Programme zu rechnen.

INFO!

S/N-Wert

Der **S**ignal-to-**N**oise-Wert, auch Nutzsignalpegel, gibt an, um wie viel das Nutzsignal das Grundrauschen überragt. Je höher der in dB angegebene Wert ist, umso besser sind die Empfangsleistungen und auch die Schlechtwetterreserven.

Wolken, Regen und Gewitter

Schon einfache Wolken dämpfen das Satellitensignal umso mehr, je dicker sie sind. Schon dichte Bewölkung genügt, um nicht mehr den Zugang zu allen TV-Programmen zu haben. Damit zeigt sich die Antenne auch anfällig gegen Regen oder gar Gewitter. Bei starkem Regen muss schon durch die Programmspeicherplätze gezappt werden, um überhaupt noch einzelne sichtbare Kanäle zu finden.

Vor allem bei sehr kleinen Antennen zeigen sich die Pegelunterschiede der einzelnen Satellitentransponder einer Orbitposition deutlich. Sie sind zwar bei den für uns wichtigsten Satelliten, wie die den beiden Astras oder Hot Bird, nur sehr gering, genügen aber, um bei ungünstigen Empfangsverhältnissen bei sehr kleinen Antennen zu Ausfällen zu führen. Bei größeren Sat-Antennen fallen die Signalunterschiede der einzelnen Satellitentransponder kaum auf. Mit Minischüsseln machen sie sich jedoch deutlich bemerkbar. Dabei zeigt sich etwa auch, dass verschiedene Premiere-Transponder nur mit äußerst geringer Signalstärke ankommen.

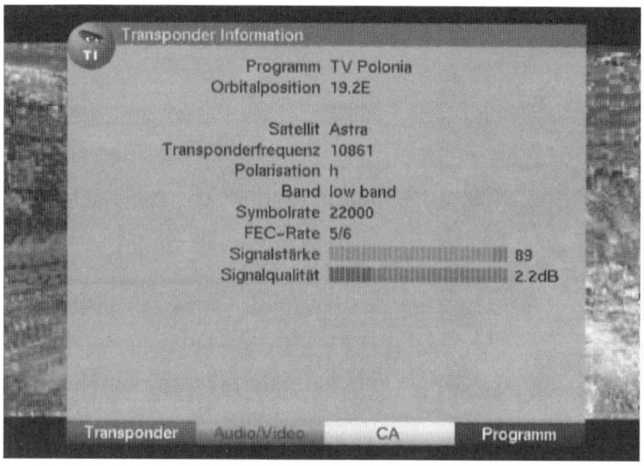

Bild 6.17 Schon bei geringfügig schlechterem Pegel ist das Bild mit Klötzchenbildungen übersät.

Probleme bei Schneefall

Äußerst ungünstig auf den Sat-Empfang wirkt sich auch Schneefall aus. Nicht nur, dass es die Sat-Signale ohnehin schon schwer haben, durch die mitunter sehr dichten Flocken »durchzukommen«, sie finden an der Flachantenne auch die ideale Ablagefläche. Schon eine dünne Schneeschicht dämpft das Signal so stark, dass an Sat-TV nicht mehr zu denken ist. Ein jederzeit leicht zugänglicher Montageort erleichtert jedoch das Abkehren.

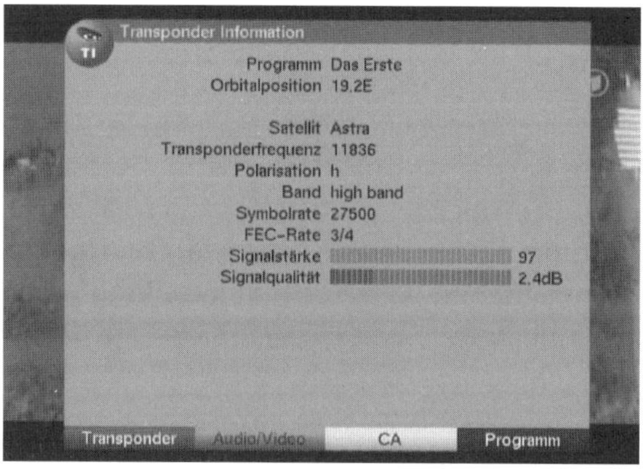

Bild 6.18 Bei unserer Schlechtwettersimulation sinken die Qualitätswerte der Sender in bedenkliche Regionen. Das Erste ist jedenfalls nur noch mit knapper Not einwandfrei zu sehen.

Ist die Flachantenne universell einsetzbar?

Die Selfsat H10D ist für den Empfang leistungsstarker Direktempfangssatelliten vorgesehen. Laut Handbuch empfiehlt sie sich selbst unter anderem für Türksat und die britische Astra-Position auf 28,2° Ost. In den Kernausleuchtzonen beider Satellitenpositionen mag die Antenne durchaus ihren Dienst versehen. Angesichts dessen, dass im deutschen Sprachraum für Türksat rund 1 m als Mindestdurchmesser gilt, gehen mit der H10D nur wenige Stationen ins Netz.

Auch von der britischen Astra-Position sollte man sich nicht zu viel erwarten. Gerade die attraktiven, frei empfangbaren Kanäle der BBC und ITV wird man selbst im Westen Deutschlands kaum auf den Schirm bekommen. Die beste Eignung der Miniantenne sehen wir für den deutschen Astra-Satelliten und die Hot-Bird-Position auf 13° Ost.

Obwohl die Selfsat H10D kein Empfangswunder ist, wurden wir von ihr insgesamt doch positiv überrascht. Mit ihr gelingt bei Schönwetter so gut wie einwandfreier analoger Satellitenempfang. Beim digitalen Sat-TV fanden wir, einmal abgesehen von den durchweg sehr geringen Pegeln, keine Beanstandungen – solange das Wetter halbwegs mitspielte. Andere Miniaturantennen schneiden hier mitunter wesentlich schlechter ab und zeigen schon unübersehbare Spikes. Auch beim Digitalempfang finden sich bei ihnen, selbst unter optimalen Bedingungen, immer wieder einzelne Transponder, bei denen es zu Klötzchenbildungen kommt.

In ihrer Klasse überzeugt die kompakte Selfsat-Antenne durchaus. So bietet es sich förmlich an, mit ihr ein Installationsverbot von Sat-Antennen zu umgehen. Für die Selfsat dürfte sich eigentlich überall ein Platz finden lassen. Solange man sich von ihr keine Wunder erwartet und bei schlechter Witterung auch auf mehrere Programme verzichten kann, ist man mit der H10D bestens bedient. Kleinere Sat-Antennen als die Selfsat H10D, die zudem, zumindest für ihre Größe, auch ausgesprochen gut funktionieren, wird man kaum finden.

Aber eines ist der Winzling jedenfalls nicht: eine vollwertige Alternative zu einer herkömmlichen Sat-Schüssel von 60 cm Durchmesser oder mehr. Herkömmliche Antennen haben bei Schlechtwetterreserven und der universellen Einsetzbarkeit – Stichwort Mehrteilnehmer-Anlagen – eindeutig die Nase vorn. Neben Astra auf 19,2° Ost haben wir mit der kleinen Selfsat auch andere Satellitenpositionen ausprobiert. Zumindest auf der zweiten Astra-Position auf 23,5° Ost, Hot Bird auf 13° Ost und Sirius auf 5° Ost zeigte sich die Antenne gutmütig und empfing die meisten Programme. Auf sieben weiteren getesteten Orbitpositionen wurden zumindest einzelne Kanäle eingelesen, die aber nicht immer anstandslos funktionierten.

7 Im Brennpunkt – der LNB

In jeder Sat-Antenne herkömmlicher Bauart entscheidet der im Brennpunkt montierte LNB über die Empfangsleistungen der Anlage. Bei Schüsseln üblicher Größe, etwa von 60 bis 90 cm Durchmesser, ist die Güte des LNBs nebensächlich. Zumindest, solange typische, leistungsstarke Direktempfangssatelliten, wie Astra auf 19,2° Ost, angepeilt werden. Die Schlechtwetterreserven der Schüssel sind jedenfalls groß genug, sodass sie auch mit einem minderwertigen LNB gute Empfangsleistungen zeigt.

7.1 Rauscharme LNBs für Miniaturspiegel

Miniaturspiegel bringen es systembedingt nicht nur auf einen Bruchteil der Empfangsleistungen ihrer großen Brüder, ihnen mangelt es auch an Schlechtwetterreserven. Wie gut man mit ihnen Sat-TV sehen kann, wird wesentlich mehr als bei größeren Spiegeln vom LNB bestimmt. Alte Typen mit hoher Rauschzahl funktionieren nur bei wolkenlosem Himmel gut. Sobald sich jedoch einzelne Wolken zwischen Satellit und Minispiegel schieben, ist bereits mit ersten Transponderausfällen zu rechnen. Bei dichter Bewölkung, starkem Regen oder Schneefall kann die Anlage schnell komplett ausfallen.

INFO!

LNB

Low Noise Block Converter – Empfangseinheit im Brennpunkt der Sat-Schüssel. Sie wandelt die empfangenen Sat-Signale so um, dass sie über Antennenkabel über größere Längen zum Sat-Receiver transportiert werden können.

Abhilfe können hier besonders rauscharme LNBs schaffen. Die Rauschzahl ist ein Faktor zur Angabe des nicht thermischen Rauschens einer Antenne, eines Bauelements oder einer Baugruppe. Die Rauschzahl ist ein Qualitätsmerkmal von Baugruppen und Geräten der Empfangselektronik. Bei Ku-Band-LNBs (alle Universal-LNB) wird die Rauschzahl in dB angegeben. Je niedriger der Wert ist, umso bessere Empfangseigenschaften verspricht der LNB.

Betrug die Rauschzahl noch vor wenigen Jahren an die 0,6 bis etwa 1,0 dB, hat man inzwischen Werte von sensationellen 0,1 dB erreicht. Das lässt die Vermutung aufkommen, neue LNBs empfangen deutlich besser als ältere Modelle. Mit ihnen kann man nicht nur schwache Satelliten leichter bekommen, man kann sie auch mit kleineren Antennendurchmessern erfolgreich einsetzen.

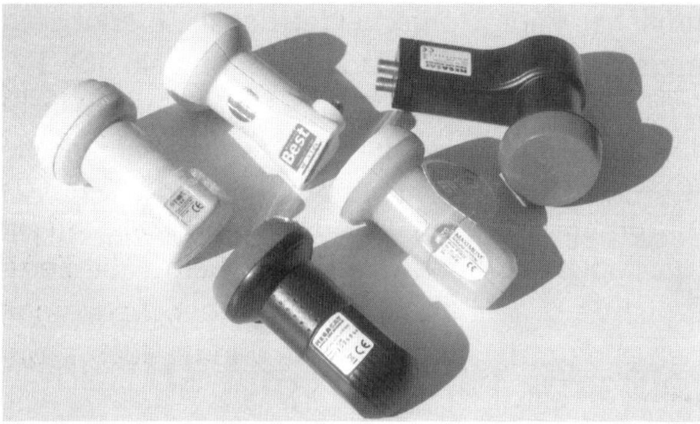

Bild 7.1 Eine Auswahl von 0,1- und 0,2-dB-LNBs werden zum Test geladen. Sind die 0,1-dB-Modelle tatsächlich im Vorteil?

So sind die Versprechungen. Aber was ist wirklich dran?

Bild 7.2 Jeder LNB wird beim Montieren mit einem Messempfänger auf besten Empfang ausgerichtet.

Kaum noch Qualitätsprodukte

Einst waren Empfangseinheiten hochwertige Produkte, bei deren Herstellung höchstes Augenmerk auf die Qualität gelegt wurde. Solche LNBs, deren Rauschmaß etwa bei 0,8 bis 1,0 dB lag, kosteten bis zu mehreren Hundert Euro. Dafür bekam man auch Datenblätter, die genau die Empfangsleistungen zeigten. Diese Zeiten sind längst vorbei. Heute bekommt man einen LNB mitunter schon unter 5 Euro. Ein Qualitätsprodukt mit engen Fertigungstoleranzen darf man da freilich nicht mehr erwarten. Diese sind inzwischen so hoch geworden, dass die Rauschmaßzahlen nur noch als grobe Richtwerte dienen. Deshalb sind die Rauschzahlangaben moderner LNBs mit Vorsicht zu genießen. Mehr als ein grober Richtwert sind sie heute nicht mehr. Dennoch können sie helfen, den Empfang mit Minispiegeln zu optimieren und aus ihnen sogar mehr herauszuholen, als man für möglich halten würde.

Wofür einen 0,1-dB-LNB?

Theoretisch sollte ein 0,1-dB-LNB bessere Empfangsleistungen liefern als etwa ein 0,2- oder 0,3-dB-LNB. Die Praxis beweist jedoch anderes. Wird nur Astra mit einer Sat-Schüssel üblicher Größe gesehen, ist die Rauschzahl des Konverters nebensächlich. Egal, ob im Brennpunkt der Schüssel ein LNB mit 1,0 oder 0,1 dB montiert ist, man wird stets einwandfreien Empfang haben. Selbst die Fertigungstoleranzen fallen dabei nicht auf. Interessant wird es aber, wenn man zum Beispiel eine 90-cm-Drehanlage betreiben und immer wieder auch exotische Satellitenpositionen anpeilen möchte.

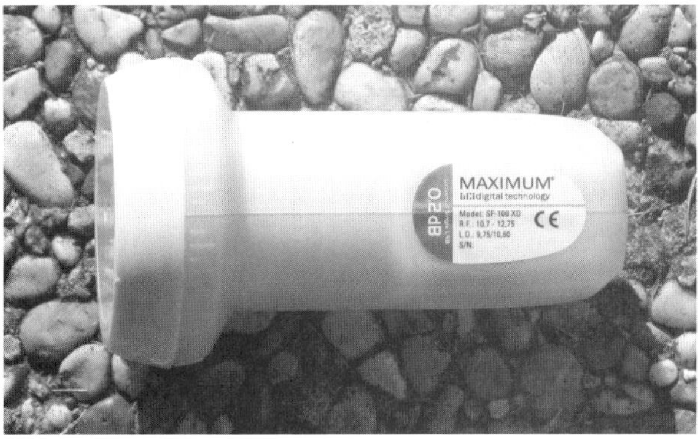

Bild 7.3 Die Empfangsleistungen von 0,2-dB-LNBs und 0,1-dB-LNBs unterscheiden sich vor allem bei sehr schwachen Satelliten.

Bild 7.4 Zwei hochwertige 0,1-dB-LNBs einer Modellreihe können drei Ergebnisse erzielen. Selbst die beiden Ausgänge des Twin-LNB (links) unterscheiden sich

Zu den potenziellen Sorgenkindern zählen hier die Satelliten Badr (Arabsat) auf 26° Ost und Nilesat auf 7° West. Hier entscheidet die Qualität eines LNBs sehr wohl darüber, wie viele Programme der Receiver beim Sendersuchlauf einliest und wie viele davon auch wirklich einwandfrei funktionieren. Oft sieht man mit dem vorhandenen LNB auf solchen Positionen zahlreiche Programme nur mit Klötzchenbildungen oder gar nur einzelnen Bildresten. Sie sagen uns, dass der Signalpegel nur einen Hauch zu gering ist, um einwandfreie Bilder zu bekommen. Gerade unter diesen Voraussetzungen ist man sehr empfänglich, wenn die Werbung wieder einmal den ultimativen DX-LNB anpreist.

Bild 7.5 Sein Typenschild ist unscheinbar und macht kaum auf die guten Empfangsleistungen aufmerksam.

Gleiches gilt sinngemäß auch für Minischüsseln, nur mit dem Unterschied, dass man sich bei ihnen zum Beispiel jederzeit einwandfreien Empfang der deutschen Sender auf Astra wünscht. Besonders bei schlechten Witterungsverhältnissen, also dann, wenn man sich am ehesten Zeit zum Fernsehen nimmt. Denn gerade unter widrigen Voraussetzungen haben Minispiegel immer wieder hart zu kämpfen.

7.2 Wie gut sind rauscharme LNBs?

Dieser Frage sind wir in einem Test nachgegangen, bei dem wir mehrere 0,1- und 0,2-dB-LNBs gegenübergestellt haben. Alle Tests wurden mit einer 90-cm-Antenne bei klarem, wolkenlosem Himmel bei 18 °C durchgeführt. Damit lassen sich alle Ergebnisse gut miteinander vergleichen. Testort war Lienz im südlichen Österreich. Um die Empfangsleistungen der Testkandidaten, je drei 0,1- und 0,2-dB-Modelle, möglichst genau zu erfassen, haben wir unseren Fokus auf die am Empfangsort nur schwer zu bekommenden arabischen Positionen Badr auf 26° Ost und Nilesat auf 7° West gelegt. Sie sind mit 90-cm-Schüsseln nur teilweise, oft mit Beeinträchtigungen zu sehen. Uns interessierte bei jedem LNB, wie viele Sender mit dem automatischen Suchlauf eingelesen werden und wie viele davon einwandfrei funktionieren.

0,2-dB-LNB – Maximum SF-100 XQ

Zuerst testeten wir zwei gleiche 0,2-dB-LNBs, Typ Maximum SF-100 XQ. Dabei wollten wir ergründen, ob sich die Fertigungstoleranzen innerhalb eines LNB-Typs bemerkbar machen. Auf 26° Ost lieferten beide Kandidaten ein einhelliges Bild: Von den 249 bzw. 250 gefundenen TV-Sendern sind lediglich einer bzw. zwei stark gestört. Beim schwächeren Nilesat auf 7° West fielen die Unterschiede schon deutlicher aus. Während unser erster LNB von den 249 eingelesenen TV-Kanälen 43 mit deutlichen Störungen wiedergab, fanden wir mit dem zweiten, baugleichen Teil mit 263 Sendern deutlich mehr. Da nur 14 Programme durch digitale Artefakte unbrauchbar waren, konnten wir hier 43 Programme mehr sehen. Bereits dieses Beispiel zeigt, dass der LNB-Kauf Glückssache ist. Während der eine LNB solider Standardware entspricht, sieht man mit dem zweiten richtig viel. Innerhalb eines LNB-Modells entscheidet also durchaus der Zufall, ob man mit den Empfangsleistungen zufrieden ist oder nicht.

0,2-dB-LNB – Smart TSX

Unser nächster Kandidat war ein rund drei Jahre alter Smart TSX, ein weiterer 0,2-dB-LNB. Auf 26° Ost fanden wir mit ihm 252 Fernsehsender, von denen alle einwandfrei funktionierten. Mehr haben wir mit keinem anderen LNB gefunden. Auch bei Nilesat überzeugte der Smart TSX. Von den 279 eingelesenen Sendern funktionierten 262 ohne Beeinträchtigungen. Auch dieser Wert wurde kaum von anderen LNBs überboten.

Bild 7.6 Ein alter 0,2-dB-LNB von Smart überrascht durch seine außergewöhnliche Empfangsleistung.

0,1-dB-LNB – Best

Unser nächster Prüfling hörte auf den Namen Best. Wir erwarben den 0,1-dB-LNB für 8 Euro. Dass wir es hier mit keinem Spitzenprodukt zu tun hatten, offenbarte sich bereits auf der Badr-Position. Nachdem beim ersten Sendersuchlauf nur 235 Programme eingelesen wurden, starteten wir einen zweiten Suchlauf. Dieser brachte immerhin 246 Programme zutage. Neun Kanäle, darunter auch die beliebten meist englischsprachigen MBC-Programme, kamen mit ihm im Gegensatz zu anderen Testkandidaten nur mit starken Klötzchenbildungen an.

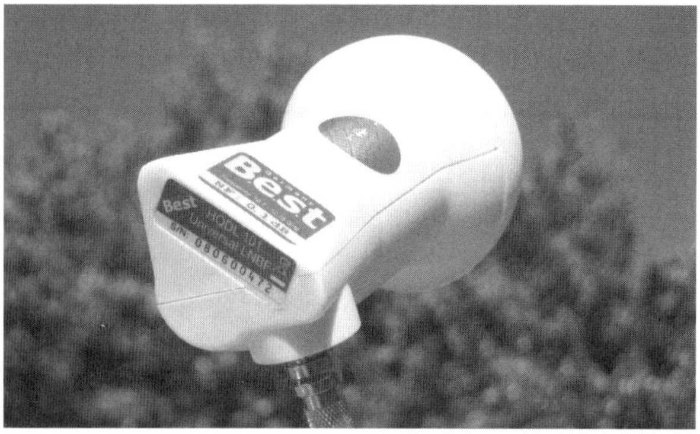

Bild 7.7 Dieser 0,1-dB-LNB schaut zwar hochwertig aus, er ist aber der eindeutige Verlierer unserer Testreihe.

Schon beim Sendersuchlauf auf 7° West konnte man erkennen, dass mehrere Transponder ohne korrekte Stationsnamen eingelesen wurden. Es brauchte sogar drei Sendersuchläufe, um überhaupt 238 Programme eingelesen zu bekommen. Beim ersten Scan wurden überhaupt nur 209, beim zweiten 225 und beim dritten 215 gefunden. Auf die endgültige Senderzahl kamen wir nur deshalb, weil unser Receiver bei jedem erneuten Suchlauf alle neu gefundenen Kanäle zur bereits vorhandenen Senderliste hinzufügt.

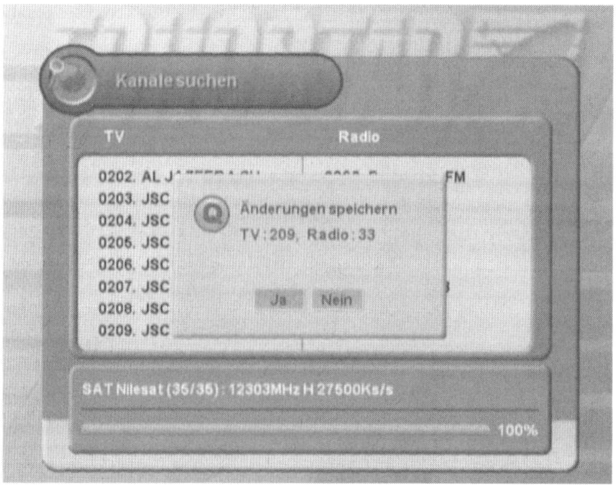

Bild 7.8 Pro Sendersuchlauf bekommen wir mit dem Best-LNB auf Nilesat kaum mehr als 200 Programme.

Viel Freude bescherte 7° West mit diesem extra rauscharmen LNB nicht. 65 Stationen waren stark gestört, womit mit diesem LNB mit 173 Programmen weniger zu sehen waren als mit jedem anderen von uns getesteten LNB. Sein aufgeklebtes 0,1-dB-Siegel gaukelt eine Wertigkeit vor, die dieser LNB nicht erfüllt.

0,1-dB-LNB – MegaSat Single Diavolo

Etwas enttäuschend präsentierte sich auch der 0,1-dB-LNB Megasat Single Diavolo. Auf Badr wurden mit ihm lediglich 238 Sender eingelesen. Die funktionierten aber wenigstens alle. Auf Nilesat brauchte es auch bei ihm zwei Scans, um auf die erreichte Programmzahl zu kommen. Mit den 223 des ersten Suchlaufs wollten wir uns nicht zufriedengeben. Auf 52 Speicherplätzen machten wir deutliche Empfangsstörungen aus. Bemerkenswert war, dass diese innerhalb eines Transponders durchaus unterschiedlich waren. Während etwa auf 11.785 V auf den meisten Kanälen nur Standbilder oder Klötzchen zu sehen waren, funktionierten andere deutlich besser und genügten zumindest hartgesottenen DXer-Mindestanforderungen.

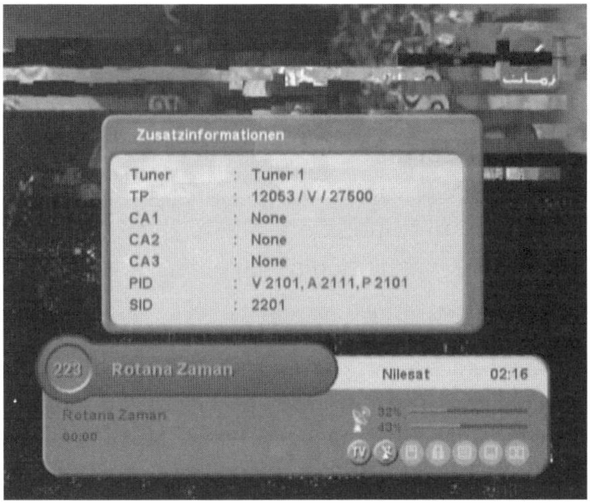

Bild 7.9 Viele der gefundenen Sender auf Nilesat werden nur mit deutlichen Empfangsstörungen wiedergegeben.

Immerhin gelang uns mit diesem LNB erstmals der Empfang von Programmen, die mit anderen LNBs nicht funktionierten, obwohl durchaus starke Pegel ausgewiesen wurden.

0,1-dB-LNB – MegaSat Twin Diavolo

Zuletzt nahmen wir mit dem Megasat Twin Diavolo einen 0,1-dB-Zweiteilnehmer-LNB unter die Lupe. Dabei testeten wir beide Ausgänge separat. Während sie auf 26° Ost für ein vergleichbares Ergebnis sorgten, konnten sie auf 7° West unterschiedlicher nicht sein. Während sich der erste Anschluss mit 263 gefundenen Programmen, von denen 238 funktionierten, im guten Mittelfeld bewegte, fanden wir am zweiten Ausgang mit 327 Programmen mehr als mit jedem anderen LNB. Davon funktionierten immerhin 302 einwandfrei. Rund 20 weitere Programme wurden von gelegentlichen Klötzchenbildungen, die aber nur bei genauem Hinsehen auffielen, begleitet.

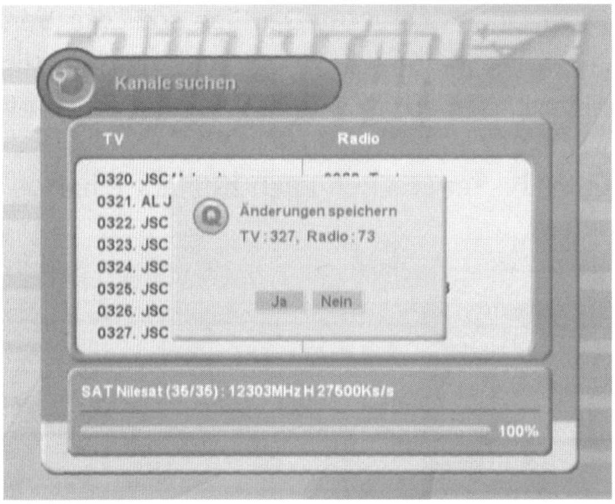

Bild 7.10 Mit 327 gefundenen TV-Kanälen auf Nilesat schlägt zumindest ein Ausgang unseres Maximum Twin Diavolo 0,1-dB-LNBs alle anderen Testkandidaten um Längen.

Gibt es einen klaren Sieger?

Unser Test zeigt keine Unterschiede in den Empfangsleistungen zwischen 0,1- und 0,2-dB-LNBs. Selbst wenn wir den Test um weitere Konverter mit höheren Rauschzahlen ausgeweitet hätten, wäre das Resultat nicht anders ausgefallen.

Einen klaren Sieger gibt es nicht. Sehr angetan sind wir von den Empfangsleistungen unseres alten 0,2-dB-LNB von Smart, der die meisten anderen Kandidaten klar geschlagen hat. Ansonsten geht als Sieger ein Ausgang des Megasat Twin Diavolo hervor. Nachdem mit ihm wesentlich mehr Programme gesehen wurden als mit jedem anderen getesteten LNB, trägt er das 0,1-dB-Label zu Recht. Der zweite Ausgang des LNBs bringt bestenfalls die Leistungen eines 0,2-dB-LNB. Auch hier scheinen sich die Fertigungstoleranzen bemerkbar zu machen.

Letztendlich ist es egal, ob man einen 0,1- oder 0,2-dB-LNB montiert hat. Ob man mit ihm zufrieden ist, hängt letztendlich auch von den Fertigungstoleranzen ab. Hat man Glück, kann ein alter LNB durchaus so gut funktionieren wie ein 0,1- oder 0,2-dB-LNB. Hat man Pech, sieht man mit dem neuen 0,1-dB-LNB weniger als mit dem alten 0,5-dB-Konverter.

7.3 Lohnt sich der Wechsel auf einen 0,1-dB-LNB?

Ist in der Schüssel bereits einen neuerer Konverter, dessen Rauschzahl nicht wesentlich über 0,5 dB liegt, montiert, sind die Chancen gering, mit einem 0,1-dB-LNB wesentliche Verbesserungen wahrzunehmen. Deutlich spürbare Verbesserungen bekommt man nur, wenn der alte LNB an die 1 dB hat. Da die Unterschiede zwischen 0,1 oder 0,2 dB kaum auszumachen sind, muss der neue LNB nicht unbedingt ein 0,1-dB-Typ sein. Mit einem Modell mit höherer Rauschzahl lassen sich manchmal auch durchaus bessere Empfangsresultate erzielen.

Bild 7.11 Die Qualität eines LNBs entscheidet mit, ob Sie schwache Sender einwandfrei ...

Bild 7.12 ... oder nur mit Störungen empfangen. Maßgeblich sind die tatsächlichen Empfangsleistungen des LNBs und nicht die auf ihm aufgedruckte Rauschzahl.

LNB-Wechsel bei Miniaturspiegeln

Bei Miniaturspiegeln lohnt der LNB-Wechsel nur, wenn der LNB bereits über mehrere Jahre im Einsatz ist. Modelle, die kurz nach der Jahrtausendwende gekauft wurden, sind mit LNBs mit einer Rauschzahl von etwa 0,4 bis 0,8 dB ausgestattet. Hier lassen sich mit einem neuen LNB durchaus Verbesserungen erzielen. Entscheidend ist jedoch, dass man zu qualitativ hochwertiger Markenware greift. Die gibt es als Single-LNB-Ausführung jedenfalls nicht um 4,99 Euro. Gute Chancen hat man deutlich jenseits der 20-Euro-Marke. Dafür bekommt man aber auch eine Empfangseinheit mit besserer Verarbeitungsqualität, was wiederum eine längere Lebensdauer erwarten lässt. Gelegentlich werden auch Kleinantennen mit Twin-LNB angeboten. Sie sollen zumindest die Gelegenheit geben, zwei Receiver anzuschließen. Wie unser Test gezeigt hat, können an beiden Ausgängen durchaus unterschiedliche Empfangseigenschaften vorliegen, weshalb man beispielsweise am zweiten Receiver mehr Störungen in Kauf nehmen muss als beim Hauptgerät oder umgekehrt.

INFO!

LNB vor dem Kauf ausprobieren

Hat man die Gelegenheit, vor dem Kauf mehrere LNBs auszuprobieren, sollten alle Modelle unter gleichen Verhältnissen getestet werden. Neben exakt gleichen Witterungsvoraussetzungen (klarer Himmel) ist auch die Temperatur wichtig. So finden LNBs während kalter Nächte deutlich mehr Programme als an warmen Tagen.

7.4 Muss das sein – ein neuer LNB für HDTV?

Möchte man hochauflösendes TV empfangen, braucht man einen HDTV-Receiver. Vereinzelt suggerieren LNB-Anbieter, man benötige für den Empfang von HDTV auch einen neuen LNB. Auf ihren Verpackungen finden sich etwa ein HD-ready-Logo oder ein Hinweis, dass der LNB geeignet für HDTV sei. Dabei handelt es sich ausschließlich um Werbeaussagen, die jeder technischen Grundlage entbehren.

Da hochauflösende Sender im gleichen Frequenzbereich ausgestrahlt werden, wie er vom Sat-TV allgemein seit vielen Jahren genutzt wird, eignet sich der alte LNB dafür ebenfalls bestens. Ihm ist es schließlich egal, ob er nun analoge oder digitale Signale in MPEG-2, so wie es bei Kanälen in Standardauflösung üblich ist, oder ein in MPEG-4 übertragenes HDTV entgegennimmt. Der LNB verarbeitet die empfangenen Signale ja auch nicht, sondern wandelt sie nur in einen tieferen Frequenzbereich um, damit sie leichter über lange Antennenkabel zum Receiver transportiert werden können. Ein HD-Zertifikat weist deshalb keineswegs auf besondere Funktionalität oder hohe Qualität hin. Bei hochwertigen Produkten sollte man meinen, Hersteller könnten auf diese Art von Werbeaussagen verzichten. Letztendlich können sie zu Verunsicherungen bei all jenen führen, die sich mit der Materie des Sat-Empfangs nicht oder nur wenig auskennen. Grundsätzlich funktioniert jeder LNB für HDTV, genauso wie man mit ihm auch analoge oder digitale Signale empfangen kann.

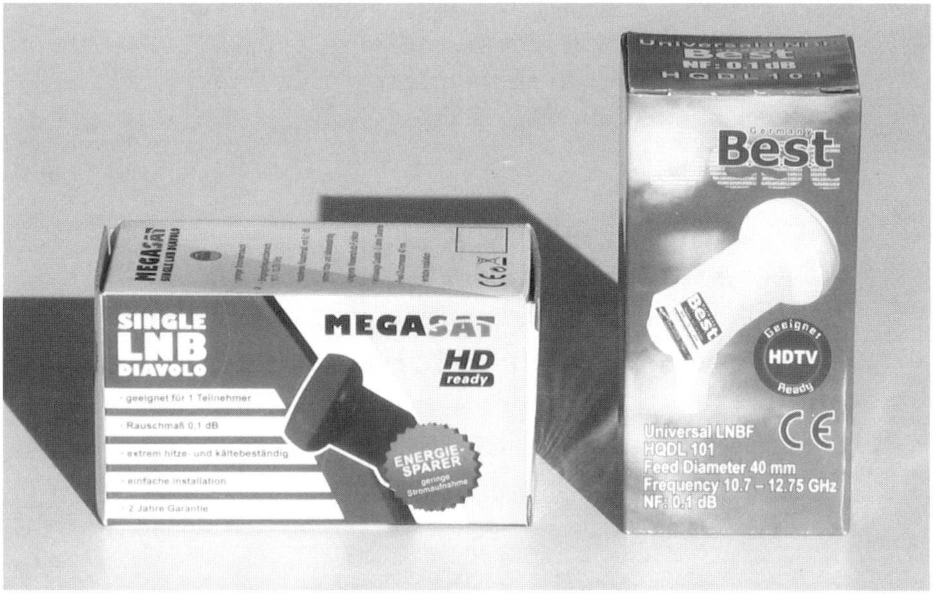

Bild 7.13 Seit Neuestem wird auf den LNB-Verpackungen mit diversen HDTV-Logos geworben. Fakt ist: Möchten Sie auch hochauflösendes Fernsehen empfangen, benötigen Sie KEINEN neuen LNB.

8 Miniantennen – universell einsetzbar

Ist die Installation einer Sat-Schüssel herkömmlicher Größe nicht möglich, sucht man nach Auswegen, dennoch am Sat-Empfang teilhaben zu können. Dazu lassen sich grundsätzlich Campingspiegel mit Durchmessern bis rund 40 cm einsetzen. Einige Hersteller bieten aber auch Miniaturspiegel speziell für den universellen Einsatz zu Hause an. Antennen, wie die Zehnder Multimo oder Arcon Sweety, lassen sich aufgrund ihrer kompakten Abmessungen besonders leicht verstecken und versprechen dennoch gute Empfangsresultate. Ein typischer Vertreter solcher Sat-Spiegel ist die Zehnder Multimo mit dem Durchmesser von 40 cm. Zwei Modelle sind verfügbar: Die AX40-30 ist mit einem Single-LNB für den Anschluss eines einzigen Receivers ausgestattet. Sollen mit der Antenne zwei Receiver versorgt werden, bietet sich die AX40-40, die einen Twin-LNB eingebaut hat, an. Die Zehnder Multimo arbeitet nach dem Cassegrain-Prinzip, das man ansonsten hauptsächlich im professionellen Bereich findet.

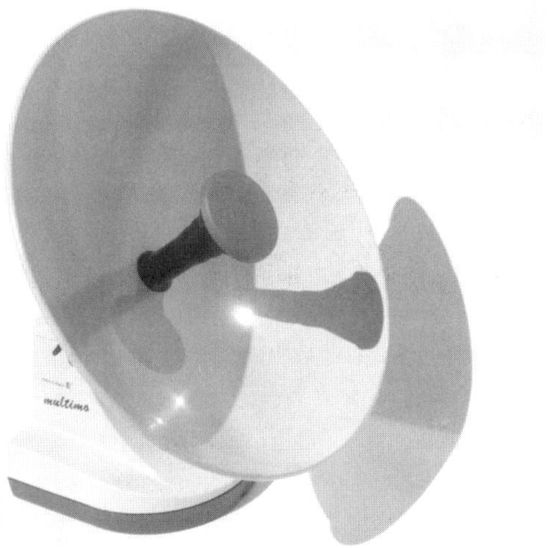

Bild 8.1 Die Zehnder Multimo AX40 ist mit dem eleganten Standfuß überall binnen weniger Minuten einsatzbereit.

Die Vorteile gegenüber herkömmlichen Offset-Antennen sind unter anderem der höhere Flächenwirkungsgrad der Antenne und deren kompakte Bauform. Da zudem das Primefocus-Prinzip zur Anwendung gelangt, schaut die Antenne steiler gen Himmel als übliche Sat-Schüsseln. Der weit ausladende Tragarm für den LNB fehlt. Er ist hinter dem Reflektor montiert und so von vorne nicht sichtbar. Im Bereich des Brennpunkts ist ein kleiner Subreflektor eingebaut, der die Satellitensignale vom Hauptreflektor aufsammelt und gebündelt über einen Hohlleiter weiter zum LNB führt.

Cassegrain-Antennen haben einen kleineren Öffnungswinkel als Offset-Spiegel gleicher Größe. Sie sind deshalb exakter auszurichten, und die Empfangsleistungen profitieren davon. Immer wieder ist zu lesen, dass 40-cm-Cassegrain-Antennen etwa die gleichen Empfangsleistungen wie gewöhnliche 60-cm-Spiegel haben sollen. Diese Aussage scheint zwar etwas großzügig zu sein, dennoch sind die Empfangsleistungen von Cassegrain-Spiegeln höher im Vergleich zu gleich großen Antennen herkömmlicher Bauart.

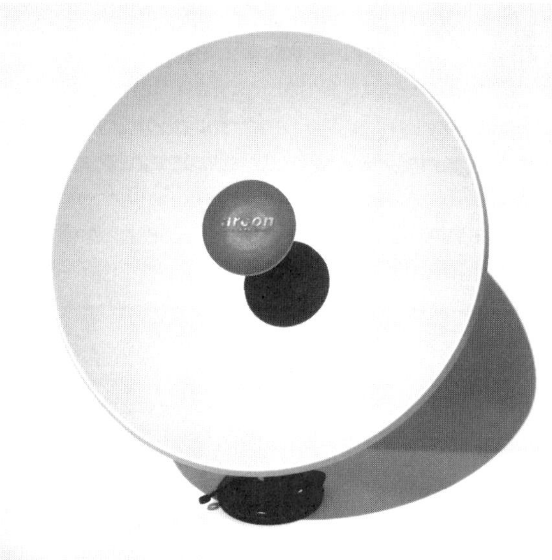

Bild 8.2 Als Primefocus-Antenne hat die Arcon Sweety ihren Brennpunkt im Mittelpunkt. Da in ihm anstatt des LNBs ein Subreflektor eingebaut ist, handelt es sich hier um eine Antenne nach dem Cassegrain-Prinzip.

Der Reflektor der Zehnder Multimo-Antenne ist aus 1,2 mm starkem Aluminium gefertigt und weiß lackiert. Der Rand ist verstärkt und mit einem Radius von annähernd einem Zentimeter eingebogen. Dadurch lässt sich die Antenne sehr angenehm handhaben. Zum Lieferumfang gehören unter anderem ein stabiler Kunststoff-Standfuß mit Abdeckung und Schraubzwinge sowie eine Mastschelle und 10 m Sat-Koaxialkabel. Sämtliche Komponenten der Multimo sind witterungsbeständig ausgeführt.

8.1 Montage einer Miniantenne

Die Zehnder Multimo ist binnen weniger Sekunden betriebsbereit. An der Rückseite des Reflektors ist bereits eine Hälfte der Mastschelle befestigt. Diese muss lediglich so weit in die obere Öffnung des Standfußes geschoben werden, bis die Schüssel einrastet. Mit zwei Flügelschrauben ist die Elevation schnell und unkompliziert einzustellen. Eine einfache, auf beiden Seiten der Schelle eingestanzte Skala erleichtert das Voreinstellen der Schräge. Der Satellit wird durch das Drehen der gesamten Antenne gesucht. Die optimale Einstellung erreicht man, wenn man zugleich die vom Receiver gelieferte Signalstärke- und Qualitätsanzeige am Bildschirm verfolgt. Ist der Wunschsatellit einmal angepeilt, braucht nur noch die Feineinstellung der Elevation vorgenommen zu werden. Diese Arbeit ist im Handumdrehen vollendet und erfordert keinerlei technische Grundkenntnisse.

Bild 8.3 Der Zehnder Multimo liegt auch eine Schelle bei. Sie lässt sich so auch an einer Wandhalterung oder einem Antennenmast befestigen.

Für Sat-Neueinsteiger empfiehlt sich das Studium der sehr ausführlichen Bedienungsanleitung. Sie geht detailliert mit Text und Bildern auf den Aufbau und die Ausrichtung der Antenne ein. Einstelltabellen für Deutschland und wichtige europäische Städte vereinfachen die Inbetriebnahme.

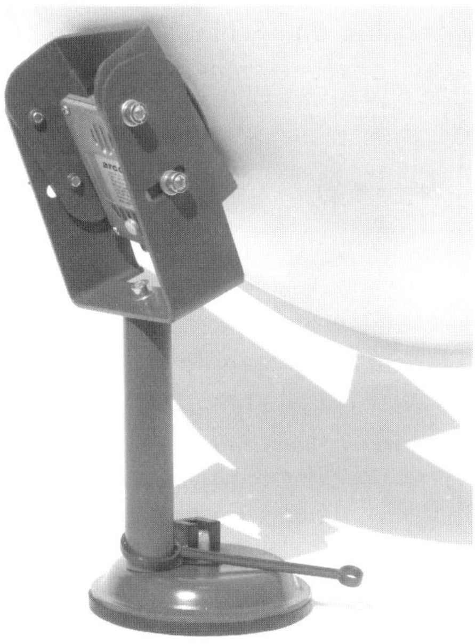

Bild 8.4 Für die Arcon Sweety gibt es einen Standfuß.

Der Standfuß ist vornehmlich zum kurzfristigen Betrieb gedacht. Mit ihm lässt sich die Sat-Antenne schnell und unkompliziert etwa auf dem Gartentisch aufstellen und ebenso rasch wieder wegräumen. Diese Variante eignet sich aber nur für windstille Plätzchen. Zu starker Wind könnte die Antenne verschieben, womit kein Empfang mehr möglich wäre. Da keine Montagearbeiten erforderlich sind und die Schüssel auch nicht fest installiert ist, umgeht man damit nicht einmal ein Schüsselverbot. Dieses betrifft nämlich nur fest installierte Anlagen.

Bild 8.5 Mit einer Schraubzwinge kann die Antenne beinahe überall angeschraubt werden: etwa am Fensterbrett oder am Balkongeländer.

Mit der mitgelieferten Schraubzwinge lässt sich der Standfuß der Zehnder Multimo zum Beispiel am Balkongeländer oder an einer Tischplatte befestigen. Da die Antenne damit unverrückbar ist, besteht auch keine Gefahr des unbeabsichtigten Verdrehens oder Umstoßens, wenn man sich beispielsweise im frei liegenden Antennenkabel verheddert.

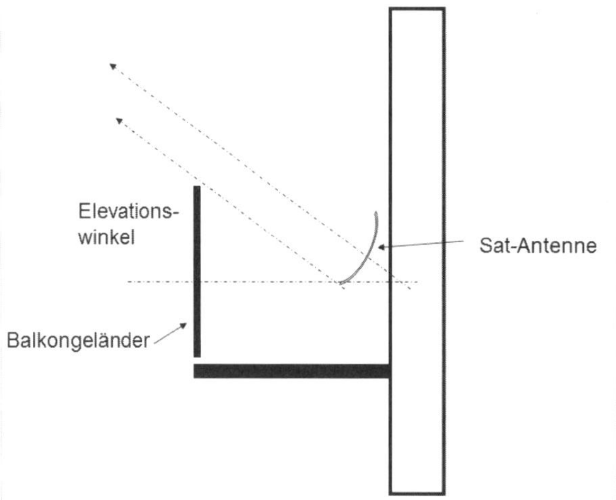

Bild 8.6 Kleine Sat-Spiegel lassen sich am Balkon so tief montieren, dass sie von außen gar nicht sichtbar sind. Die Satellitensignale müssen aber über das Balkongeländer zum Reflektor einstrahlen können.

Auch die Arcon Sweety wird mit einem Standfuß geliefert. Er ist aber weniger stabil ausgeführt als bei der Zehnder Multimo. Dafür hat er an seiner Standfläche einen Saugnapf eingebaut, der über einen Hebel bedient wird. Mit dem Saugnapf lässt sich die Antenne an jeder glatten Oberfläche unverrückbar befestigen. Das kann eine Metallfront oder eine Glasscheibe sein. So kann die Miniantenne sogar Windböen trotzen. Abgesehen davon ist die Arcon Sweety trotzdem nicht für die Saugmontage an Fensterscheiben vorgesehen. Ihr Elevationsschwenkbereich genügt nämlich nicht, um sie bei waagerechter Standfußmontage auf den Satelliten ausrichten zu können

Bild 8.7 Der Standfuß ist als Saugfuß konzipiert. So kann die Arcon Sweety an jeder glatten Oberfläche befestigt werden.

INFO!

Achtung! Nachlassende Saugwirkung

Die Saugwirkung lässt schon nach einigen Stunden nach. Hält der Spiegel anfangs noch felsenfest, kann er bereits drei Stunden später unmittelbar vor dem Herunterfallen stehen. Kontrollieren Sie die Festigkeit der Antenne daher in regelmäßigen Abständen.

Im Lieferumfang der Antennen ist auch eine Mastschelle enthalten, mit der sich die Minischüsseln auch an einer Wandhalterung oder an einem Mast dauerhaft installieren lassen. Mastschellen sind dann von Interesse, wenn man den Spiegel an einem nicht einsehbaren Ort montieren kann. Dazu eignet sich etwa ein im Süden befindlicher Balkon. Da Astra ja nach geografischer Breite im deutschsprachigen Raum zwischen rund 34° und 27° über dem Horizont steht, kann man die Antenne auch so niedrig montieren, dass sie über ein Balkongeländer quasi »drüberschaut«.

Bild 8.8 Die Zehnder-Antenne wird mit dem hinteren Teil der Mastschelle in den Standfuß geschoben.

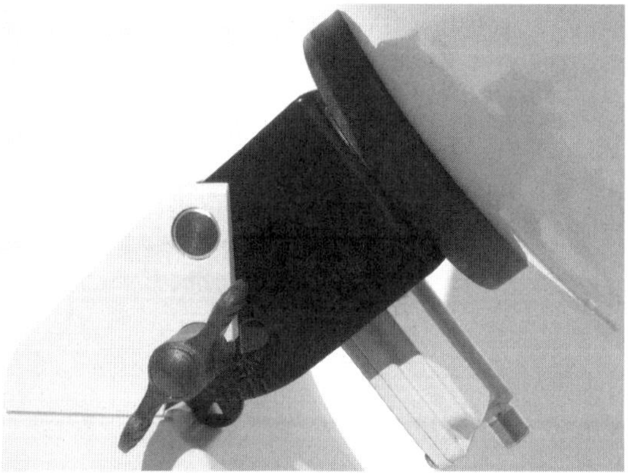

Bild 8.9 Die Elevationseinstellung wird mit Flügelschrauben vorgenommen.

8.2 LNBs für den Einsatz an Cassegrain-Antennen

Dank des Cassegrain-Prinzips versprechen die Zehnder Multimo und die Arcon Sweety bessere Empfangseigenschaften, als man es von einer Antenne dieses Durchmessers erwarten würde. Bei beiden Spiegeln kommen Universal-LNBs mit genormtem C120-Flanschanschluss zum Einsatz. Sie haben kein Feedhorn eingebaut, sondern sind am Hohlleiteranschluss an der Reflektorrückseite angeschraubt. Bei neuen Spiegeln beider Marken kommen LNBs mit einer Rauschzahl von 0,3 bis 0,4 dB zum Einsatz.

Sowohl die Zehnder Multimo als auch die Arcon Sweety sind bereits seit einigen Jahren auf dem Markt. Seitdem hat sich an der Konstruktion der bewährten Antennen nichts geändert. Ältere Modelle haben lediglich einen vielleicht nicht ganz so rauscharmen LNB eingebaut. Bei Modellen aus dem Jahre 2005 kommen etwa Rauschzahlen von 0,4 bis 0,6 dB zum Einsatz. Damit empfangen die älteren Schüsseln eventuell etwas schlechter als brandneue. Angesichts der hohen Fertigungstoleranzen bei LNBs dürften die Unterschiede aber nicht sonderlich ins Gewicht fallen.

Die Zehnder Multimo lässt sich zum Beispiel sehr leicht in ihre Einzelkomponenten zerlegen. Nachdem der Hohlleiter mit dem Subreflektor abgeschraubt wurde, liegt auch der LNB frei. Da ein Typ mit genormtem C120-Flanschanschluss verwendet wird, kann man ihn gegen einen anderen ersetzen.

Bild 8.10 Damit man zum LNB gelangt, muss die rückwärtige Mastschelle abgeschraubt werden.

Allerdings eignen sich nur wenige LNBs für den Einsatz an Cassegrain-Antennen. Standardkonverter mit integriertem Feed, so wie sie bei größeren 60-cm- oder 90-cm-Schüsseln allgemein zur Anwendung kommen, scheiden aus. Geeignete LNBs werden etwa von Mti mit einer Rauschzahl von 0,3 dB angeboten. Auch andere Hersteller, wie Invacom, haben C120-LNBs im Programm. Ihre Bauform lässt jedoch nicht die Montage an kleinen Cassegrain-Antennen zu.

Bild 8.11 Die Antenne lässt sich leicht in ihre Einzelteile zerlegen. Damit ist auch der LNB-Tausch einfach zu bewerkstelligen.

Während übliche LNBs inzwischen mit Rauschzahlen von 0,1 dB angeboten werden, scheinen die bei der Zehnder Multimo oder Arcon Sweety eingebauten Typen eher empfangsschwach zu sein. 0,1-dB-Konverter gibt es zumindest im Frühjahr 2008 mit C120-Flansch noch nicht. Die verfügbaren 0,3-dB-LNB, egal ob als Single- oder als Twin-Ausführung, können dennoch für ebenso gute Empfangsresultate wie vermeintlich rauschärmere Typen sorgen. Einfach, weil die Rauschzahl besonders bei den gängigen LNBs zu einem billigen Werbeargument ohne relevante Aussagekraft verkommen ist. Da LNBs mit C120-Flansch für Spezialanwendungen benötigt werden, scheint man bei ihnen nach wie vor auf Qualität zu setzen.

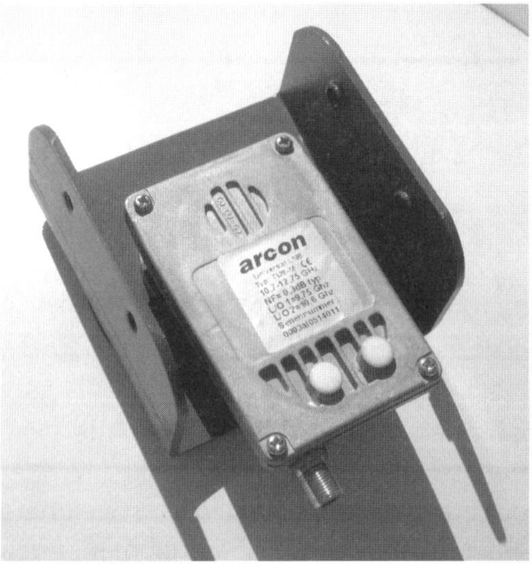

Bild 8.12 Der LNB der Arcon Sweety ist hinter dem Reflektor montiert. Dank seiner hervorragenden Rauschzahl von nur 0,3 dB macht die Schüssel auch an schwächeren Satelliten eine gute Figur.

Eine Stabilisierung des Empfangs lässt sich etwa herbeiführen, wenn man bei älteren, kleinen Cassegrain-Antennen den 0,6-dB-LNB gegen einen aktuellen 0,3-dB-Typ austauscht. Wesentlich interessanter ist aber, dass der mit wenigen Handgriffen zu bewerkstelligende LNB-Tausch die Möglichkeit eröffnet, die ursprünglich mit einem Single-LNB ausgestattete Antenne mit einem Twin-LNB hochzurüsten. Dann können mit ihr etwa zwei getrennte oder ein Festplattenreceiver mit Twintuner versorgt werden. Twin-Lösungen werden wegen des erhöhten Kabelverlegeaufwands primär bei fest installierten Minispiegeln zum Einsatz kommen.

Selbst mit LNBs von 0,4 bis 0,6 dB Rauschzahl gibt es bei der Zehnder Multimo und der Arcon Sweety beim Digitalempfang nichts auszusetzen. Laut Bedienungsanleitung ist etwa die Multimo für den Empfang des Astra-Satellitensystems auf 19,2° Ost und Hot Bird auf 13° Ost ausgelegt. Nach unseren

Erfahrungen ist sie aber durchaus in der Lage, viele andere wichtige Direktstrahlsatelliten einzufangen. Zumindest bei schönem Wetter bekommt man mit ihr auch manchen Transponder schwächerer Satelliten: Sirius, Thor sowie Hispasat waren während unserer Tests kein Problem.

Aber auch bei anderen Satelliten, wie diversen Eutelsats, Atlantic Birds, Telstar usw., wurden erstaunlich viele Kanäle eingelesen. Etwa zwei Drittel der Programme der exotischeren Satelliten wurden sogar einwandfrei vom Receiver wiedergegeben. Für schwächere Satelliten, wie Türksat oder die typischen DX-Positionen Badr auf 26° Ost oder Nilesat auf 7° West, ist die Antenne zu klein. Die Empfangsleistungen der Arcon Sweety bewegen sich auf dem gleichem Niveau wie die der kleinen Zehnder-Antenne.

Die Zehnder Multimo und Arcon Sweety bieten für ihre Klasse gute digitale Empfangseigenschaften. Sie empfehlen sich neben dem mobilen Einsatz besonders, wenn eine möglichst unauffällige Sat-Anlage installiert werden soll.

8.3 Antennenkabel ohne Bohrung durchs Fenster verlegen

Kleine Sat-Antennen sind mit wenigen Handgriffen aufgebaut oder lassen sich verhältnismäßig leicht im Freien montieren. Nicht ganz so einfach ist es jedoch, das Antennenkabel in die Wohnung zu bringen. Besonders dann, wenn keine Bohrungen dafür hergestellt werden sollen. Zumindest während des Sommers könnte man die rund 5 bis 7 mm dicken Antennenkabel auch bei geöffnetem Fenster oder geöffneter Balkontüre ins Wohnzimmer führen. Für die kalten Winter scheidet diese Lösung jedoch aus.

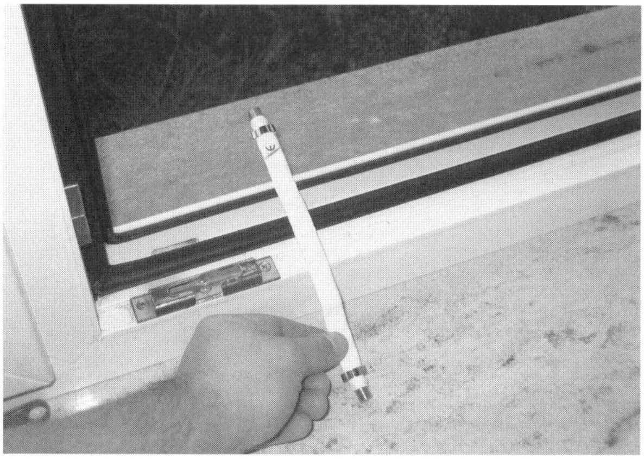

Bild 8.13 Flachband-Antennenkabel werden einfach durch das Schließen des Fensters eingeklemmt.

Für wenige Euro bekommt man im Fachhandel sogenannte Flachband-Koaxialkabel. Sie sind rund 30 cm lang, nur wenige Millimeter dick und hochflexibel. An beiden Enden ist eine F-Buchse angebracht, an denen herkömmliche Sat-Kabel angeschlossen werden können. Die Verlegung des Flachbandkabels ist überaus einfach. Es wird einfach zwischen Fensterflügel (oder Balkontür) und Rahmen eingeklemmt. Dabei passt es sich ideal an das Rahmenprofil an. Am einfachsten lässt sich das Kabel am äußeren Fensterende, also der Seite, an der am Fensterflügel auch der Griff angebracht ist, einklemmen. Das Fenster lässt sich weiter öffnen oder schließen. Es muss dabei lediglich auf die Lage des Flachbandkabels geachtet werden.

9 Geheime Sat-Antennen

Einige Hersteller bieten »geheime« Sat-Antennen an, die nicht als solche erkennbar sind. In unseren Breiten werden zumindest zwei Modellvarianten angeboten, die sich für all jene empfehlen, die keine Sat-Antenne installieren dürfen.

9.1 Cubsat – diskret und unauffällig

Die Cubsat-Antenne gibt es in zwei Modellvarianten. Beiden ist gemeinsam, dass die Schüssel in einem unauffälligen Kunststoffgehäuse versteckt ist, das nicht im Geringsten an einen Sat-Spiegel erinnert. Am unauffälligsten ist die kompakte Cubsat 50, die mit einem rund 35 x 45 cm großen Reflektor arbeitet. Da ihre aktive Fläche immerhin rund 60 % größer ist als bei einer 35-cm-Antenne, ist das grundsätzliche Funktionieren der kleinen Geheimantenne schon einmal gewährleistet, zumindest beim Digitalempfang leistungsstarker Satelliten.

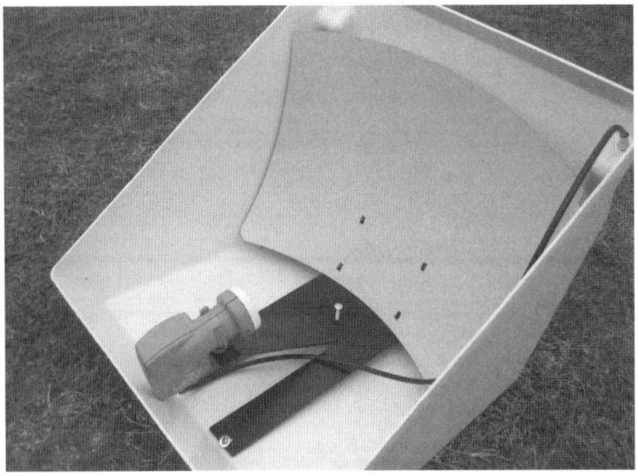

Bild 9.1 So sieht die Cubsat 50 bei geöffnetem Gehäusedeckel aus.

Für die Cubsat 50 spricht vor allem ihr unauffälliges Aussehen, das an einen abgeschrägten Würfel erinnert, der sich beinahe überall harmonisch und unauffällig platzieren lässt. Dieses unscheinbare Äußere kann zum Gehäuse eines Motorantriebs oder zu einem Minigewächshaus gehören oder zur Verzierung eines Gebäudes dienen. Die eigentliche Funktion bleibt unbemerkt.

Da wundert es nicht, dass solche Antennen gerade in Staaten, in denen der freie Satellitenempfang verboten ist, heiß begehrt sind. Damit geht aber auch einher, dass sie trotz ihrer kompakten Abmessungen gute Empfangsleistungen liefern müssen. Bei Tests zeigte die kleine Cubsat, dass sie diesen Anforderungen nur schwer nachkommt, denn sie arbeitet an der äußersten Grenze. Deshalb empfehlen Fachhändler die etwas größere Cubsat 70, die wir uns genauer ansehen wollen.

Die große Cubsat besteht aus zwei sich nach vorne verjüngenden Gehäusehalbschalen und einem an eine 60-cm-Schüssel erinnernden Reflektor. Das bewahrheitet sich auch durch die Abmessungen von 55 x 62 cm. Der Clou der Cubsat-Antennen zeigt sich vor allem an der unteren Gehäuseschale. Sie hat bis auf wenige Bohrungen, eine F-Durchgangsbuchse und am hinteren Ende des Bodens eine unscheinbaren Elevationsskala keine Besonderheiten aufzuweisen.

Bild 9.2 Die etwas größere Cubsat 70 arbeitet mit einem 60-cm-Spiegel.

In einer kleinen Tüte finden sich einige kleine Kunststoffplättchen mit einem eingefrästen Schlitz. Zwei davon müssen am oberen linken und rechten Rand der unteren Halbschale, die zugleich als Spiegelhalterung dient, angeschraubt werden. Aus zwei weiteren Kunststoffelementen, einer langen Schraube und zwei Muttern muss die Elevationseinstellung zusammengebaut werden, die dann am Boden angeschraubt wird.

Der LNB-Arm besteht aus einem abgewinkelten Kunststoffbügel mit Schlitz, in dem eine an den Elektroinstallationsbereich erinnernde 40-mm-Schelle nach oben und unten verschoben und gedreht werden kann. Auch dieser Arm wird am Gehäuseboden mit zwei Schrauben befestigt. Die gesamte Konstruktion ist erschreckend einfach. Sie führt uns aber vor Augen, mit welch einfachen und preiswerten Mitteln sich selbst eine Cubsat-Antenne nachbauen ließe.

9.2 Eine Cubsat-Antenne einfach selbst bauen

Die Idee kam uns, nachdem wir uns den Reflektor der Cubsat 70 etwas genauer angeschaut hatten. Er weist vier Bohrungen auf, so wie sie auch von zahllosen herkömmlichen Sat-Schüsseln bekannt sind. Sie werden benötigt, um den Reflektor an der Montageschelle und dem LNB-Arm zu befestigen. Diese Bohrungen zeigen uns aber auch, dass der Reflektor nicht speziell für die Cubsat hergestellt wurde, sondern »von der Stange« stammt. Als einziges Detail muss auf den nach außen umgebogenen Rand des Reflektors geachtet werden. Ihn findet man durchaus bei vielen Sat-Antennen. Er ist insofern wichtig, als er zur Fixierung im Gehäuse dient.

Bild 9.3 Die Cubsat kommt mit wenigen Einzelteilen aus.

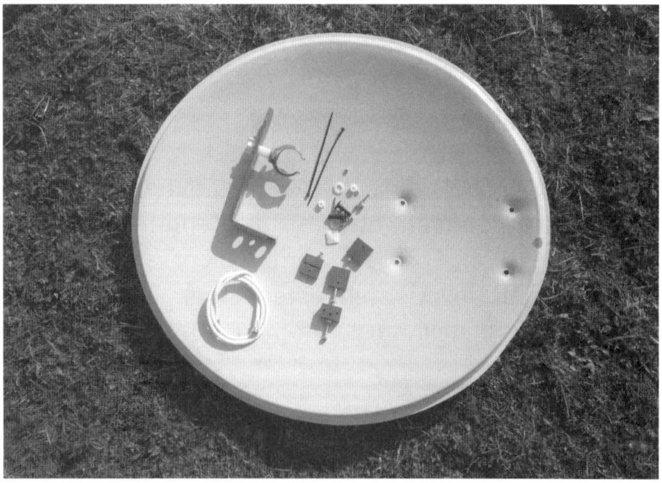

Bild 9.4 Mit nur wenigen Schrauben und Kunststoffplättchen wird die Antenne zusammengebaut. Die Bohrungen des Reflektors zeigen, dass er von einer Standardschüssel stammt. Für die Montage in der Cubsat werden sie nicht benötigt.

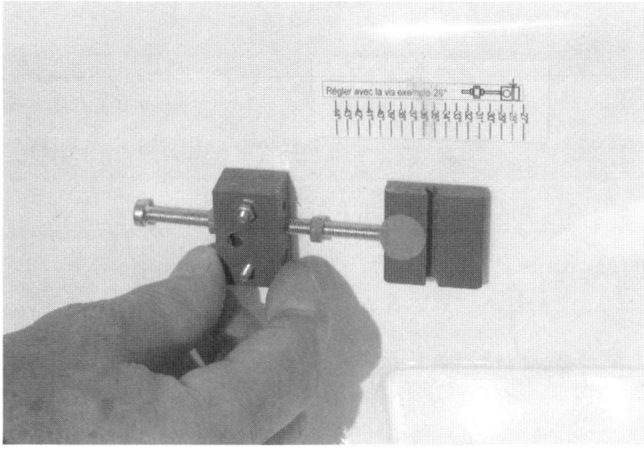

Bild 9.5 Die Elevationseinstellung besteht aus zwei kleinen Kunststoffklötzen, die mit einer langen Schraube miteinander verbunden sind. Ein Klotz wird am Gehäuse angeschraubt. In den Schlitz des beweglichen zweiten kommt später die Unterkante des Reflektors.

Das Gehäuse lässt sich ebenfalls leicht selbst zusammenbauen. Dazu bedarf es lediglich dünner Kunststoffplatten, die entsprechend dem Reflektordurchmesser zugeschnitten werden müssen. Sie können anschließend beispielsweise mit Kanthölzern mit einer Seitenlänge von rund 3 bis 4 cm zusammengeschraubt werden. Die Abdichtung kann mit Silikon erfolgen. Das Cubsat-Prinzip lässt sich mit geringem Aufwand an Material und Werkzeug kopieren. Neben einem Maßband, einem Winkelmesser, einer Bohrmaschine, einigen Schraubendrehern und einer Säge wird weiter nichts benötigt.

Der Eigenbau hat einige wesentliche Vorteile. Zum einen kann eine Antenne beliebiger Größe »verpackt« werden. Hat man etwa einen nach Süden gerichteten Hang zur Verfügung, lässt sich in ihm durchaus eine Cubsat-Antenne oder ein Nachbau eingraben. Da die Sat-Signale nur durch den Deckel zur Schüssel gelangen, sind ihrer Größe kaum Grenzen gesetzt. Auf diese Weise lassen sich sogar empfangsstarke Antennen der 80-cm-Klasse verstecken.

Der Nachbau im Einzelnen

Zum Nachbau der Cubsat benötigt man lediglich einige Kunststoffplatten für den Boden, den Deckel und die vier Seitenwände. Ihre Abmessungen richten sich nach denen des einzubauenden Reflektors, variieren also von Fall zu Fall. Die Breite wird im Wesentlichen von der Spiegelbreite vorgegeben. Für die zu montierenden kleinen seitlichen Backen, die den Reflektor fixieren, müssen noch rund 1,5 bis maximal 3 cm addiert werden.

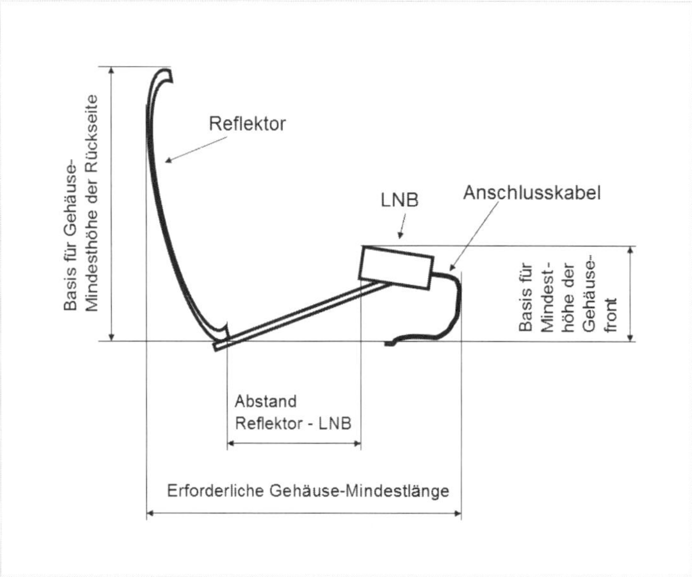

Bild 9.6 Die Abmessungen des zu bastelnden Gehäuses ergeben sich aus den Abmessungen der zu versteckenden Antenne.

Antenne an einen Mast montieren

Da im Gehäuse die gesamte Antenne Platz finden muss, empfiehlt sich, sie zuerst auf einem Mast zu montieren, auf den Satelliten auszurichten und die sich daraus ergebenden Abmessungen zu ermitteln. Dazu zählen der Platzbedarf für den Spiegel unter Berücksichtigung der Elevationseinstellung sowie der Abstand vom hinteren Ende des Reflektors bis zum vorderen des LNB inklusive des an ihn angeschlossenen Antennenkabels.

Gehäusehöhe ermitteln

Auch die Gehäusehöhe wird von der Schüssel vorgegeben. Hinten wird sie von der Reflektorhöhe, vorne vom Platzbedarf des LNBs vorgegeben. Da hier auch die Vorrichtung zur Elevationseinstellung eingerechnet werden muss, sollte eine ausreichende Höhenreserve kalkuliert werden. Sie gilt auch für den vorderen Teil. Immerhin soll die Abdeckung keinesfalls am LNB aufliegen.

Gehäuseboden und Seitenwände zurechtschneiden

Nachdem die ermittelten Maße feststehen, können der Gehäuseboden und die Seitenwände zurechtgeschnitten werden. Dabei gilt es, die Wandstärke des Materials zu berücksichtigen. Da der äußere Kantenverlauf bündig sein soll, muss für die erforderliche Breite der Rückseite und vorderen Wand zweimal die Wandstärke des verwendeten Materials abgerechnet werden. Die Länge der Abdeckung ergibt sich aus der Länge der Schräge, die von den Seitenwänden vorgegeben wird.

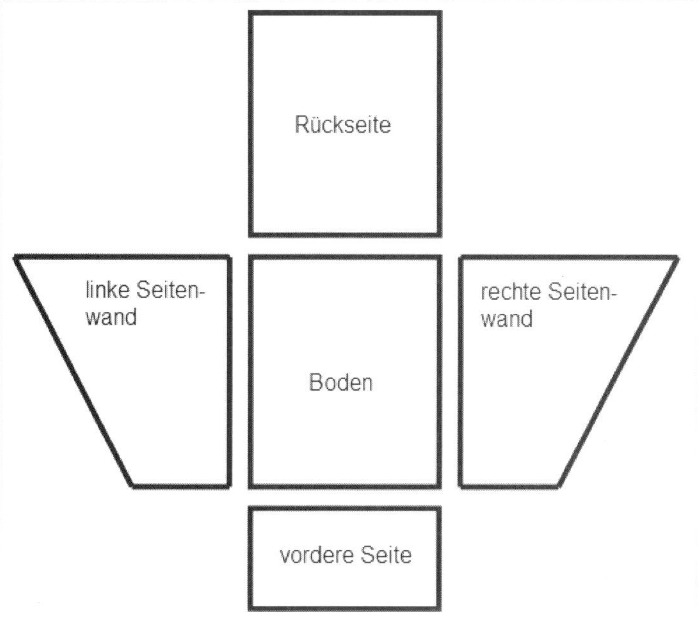

Bild 9.7 Ungefähre Schnittvorlage für den Gehäuseboden und die Seitenwände. Die benötigten Abmessungen ergeben sich aus der einzubauenden Antenne.

Gehäuseteile zusammenbauen

Zum Zusammenbauen der Gehäuseteile sind insgesamt 12 Kanthölzer mit einer Kantenlänge von rund 3 bis 4 cm erforderlich. Damit die Seitenwände bündig mit dem Gehäuseboden abschließen, müssen die Kanthölzer entsprechend der Wandstärke der seitlichen Elemente nach innen versetzt angeschraubt werden. Dazu sind im Gehäuseboden ausreichend Bohrungen, etwa im Abstand von je 10 cm, vorzusehen. Die Anzahl der erforderlichen Bohrungen ergibt sich aus der Länge der Hölzer.

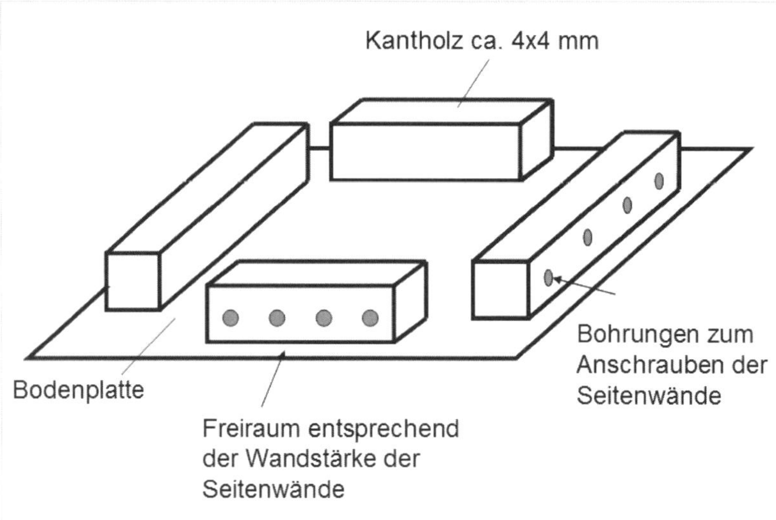

Bild 9.8 Die Grafik zeigt, wie die Kanthölzer zur Montage der Seitenwände auf der Grundplatte montiert werden sollten.

Werden Holzschrauben verwendet, müssen die Kanthölzer nicht vorgebohrt werden. Am Gehäuseboden werden noch je zwei zusätzliche kleine Bohrungen zum Befestigen der LNB-Halterung und der Elevationseinstellung benötigt. Ihre Lage ergibt sich aus den vorgegebenen Abmessungen der einzubauenden Schüssel.

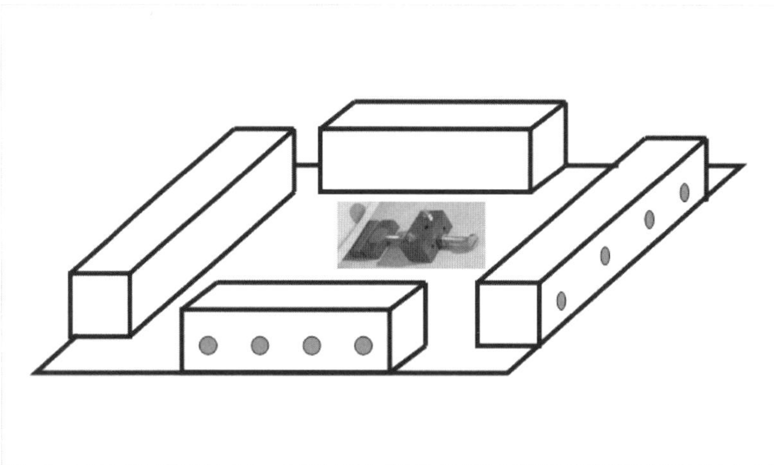

Bild 9.9 Auf der Grundplatte muss die Konstruktion für die Elevationseinstellung befestigt werden.

An allen vier Seitenwänden sollten zuerst die Bohrungen zum Anschrauben an den Kanthölzern vorbereitet werden. Dabei ist grundsätzlich genauso vorzugehen wie bei den Seitenwänden.

An der Rückwand muss eine Bohrung zum Einbau einer F-Steckerkupplung gemacht werden. Im Gehäuseinneren wird dann an den beiden Enden der Kupplung die Antennenleitung zum LNB und außen zum Receiver angeschlossen. Ihr Durchmesser ergibt sich aus den Abmessungen der F-Kupplung.

An den Seitenwänden sind ebenfalls je zwei kleine Bohrungen erforderlich, die im hinteren oberen Bereich zu setzen sind. Sie dienen zum Befestigen der Fixierungsplättchen für den Reflektor. Die beiden erforderlichen Plättchen können klein gehalten werden: Abmessungen von etwa 3 cm Breite, 2 cm Höhe und bis zu 1 cm Tiefe genügen.

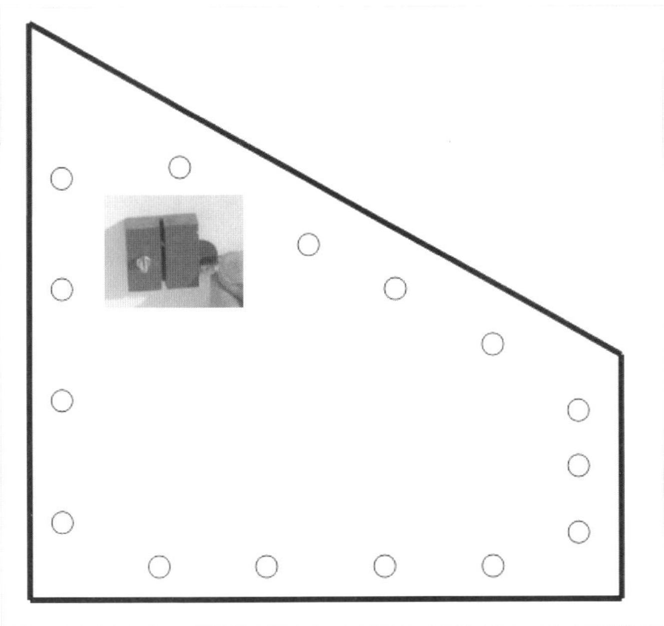

Bild 9.10 An den beiden Seitenwänden müssen im hinteren Bereich die seitlichen Spiegelhalterungen angeschraubt werden. Ihre genaue Lage ergibt sich aus den Spiegelabmessungen.

Im hinteren Bereich wird eine Nut gesägt, in die später der Reflektor eingehakt wird. Damit dieser auch fixiert werden kann, sollte von der Schmalseite zur Nut verlaufend eine Bohrung geringen Durchmessers vorgesehen werden, in die eine Schraube zu drehen ist. Mit ihr wird der Reflektor gegen Verrutschen fixiert. Die beiden Plättchen sind gegensinnig anzufertigen, sodass ihre Feststellschrauben beiderseits leicht von vorne zugänglich sind. Beide Plättchen müssen an den exakt gegenüberliegenden Punkten der beiden Seitenwände montiert werden, ansonsten würde der Reflektor schief eingebaut werden.

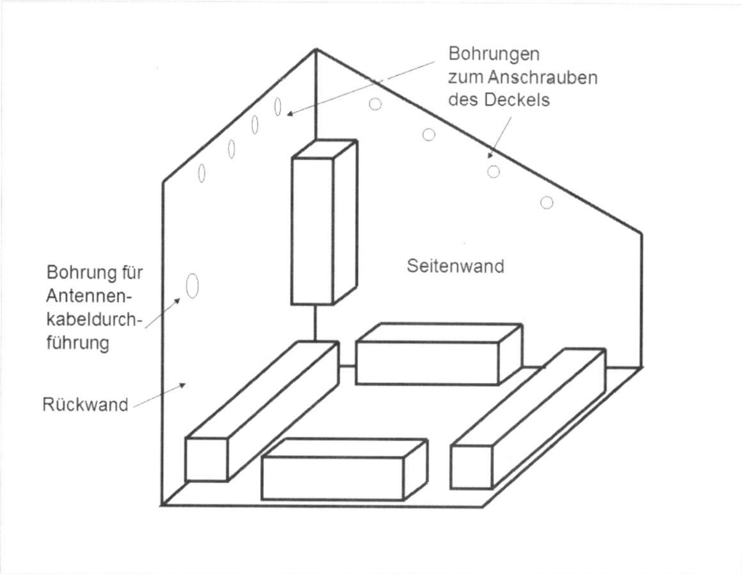

Bild 9.11 Bodenplatte, auf die bereits zwei Seitenwände montiert sind.

Die Vorrichtung zur Elevationseinstellung, die am Gehäuseboden montiert werden muss, besteht aus einem beweglichen und einem angeschraubten Blättchen, die lediglich mit einer Schraube verbunden sind. Im verstellbaren Element muss ebenfalls eine Nut gesägt werden, in die der Reflektor eingehängt wird.

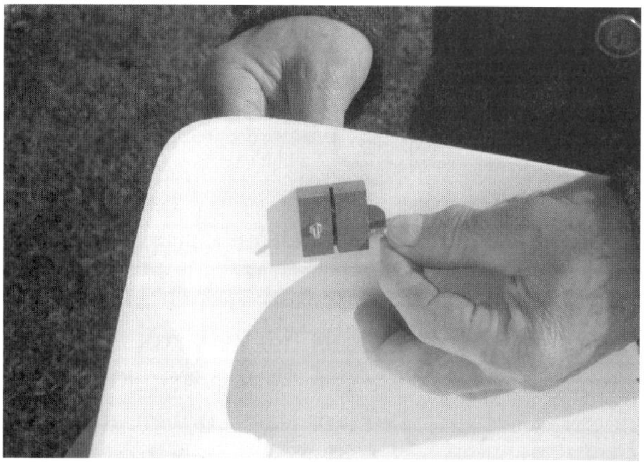

Bild 9.12 An den beiden Seitenwänden der unteren Gehäuseschale müssen ebenfalls Klötzchen angeschraubt werden. Sie fixieren den Reflektor.

Auch die LNB-Befestigung ist einfach ausgeführt. Sie lässt sich etwa aus einem Alu-Blechstreifen anfertigen, der bei einer Stärke von rund 5 mm zumindest 4 cm breit sein sollte. Er sollte nun um 90° abgewinkelt werden. Der untere, kurze Teil dient lediglich zum Befestigen am Gehäuse, wozu zwei Bohrungen erforderlich sind.

In den nach oben ragenden Teil muss mittig ein Schlitz vorgesehen werden, der zur Höhenverstellung des LNBs dient. Die erforderlichen Abmessungen der LNB-Halterung ergeben sich aus den vorgegebenen Abmessungen der verwendeten Antenne.

Zum Befestigen des LNBs an der Halterung dient eine einfache Elektroinstallationsschelle, in die die Empfangseinheit einfach eingeklickt wird. Die Schelle wird per Schraube, Mutter und Unterlegscheibe an der Halterung befestigt und an geeigneter Stelle fixiert.

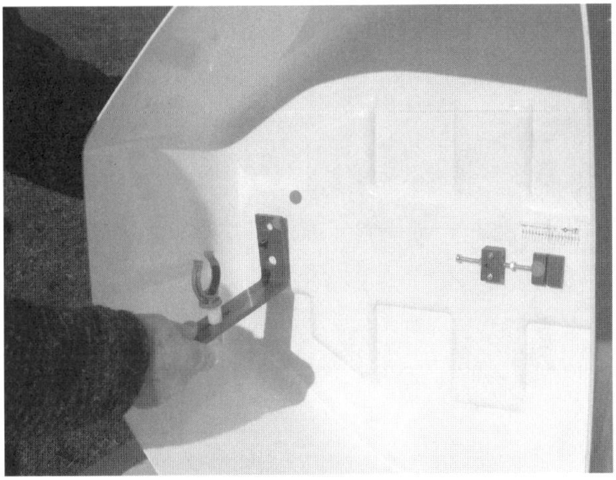

Bild 9.13 Die Montage des LNB-Arms ist schnell gemacht.

Vor dem Einbau des Reflektors muss das Gehäuse abgedichtet werden. Das kann beispielsweise mit Silikon geschehen, das nach dem Auftragen auf die inneren und auch äußeren Kanten trocknen muss, bevor man weiterarbeiten kann.

Als Nächstes muss die Antennenleitung vom inneren Ende der F-Durchgangsbuchse bis zum LNB zumindest an der Buchse angeschlossen werden, denn zu ihr gelangt man nicht mehr, wenn der Reflektor einmal eingebaut ist.

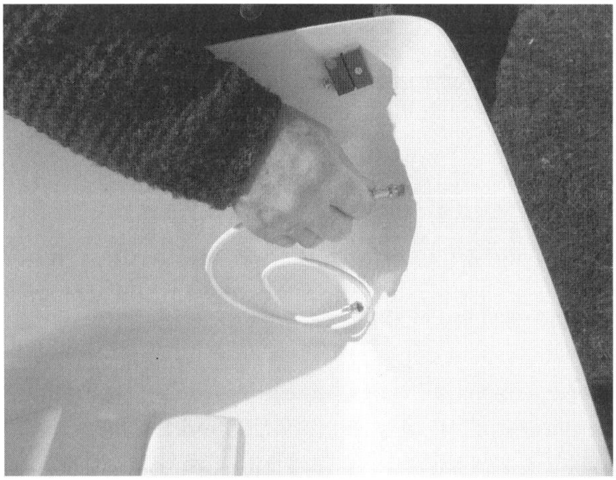

Bild 9.14 Vor dem Einbau des Reflektors muss die innere LNB-Verkabelung hergestellt werden. Dazu wird zuerst ein kurzes Antennenkabel an der F-Durchgangsbuchse an der Innenseite des Gehäuses angeschlossen.

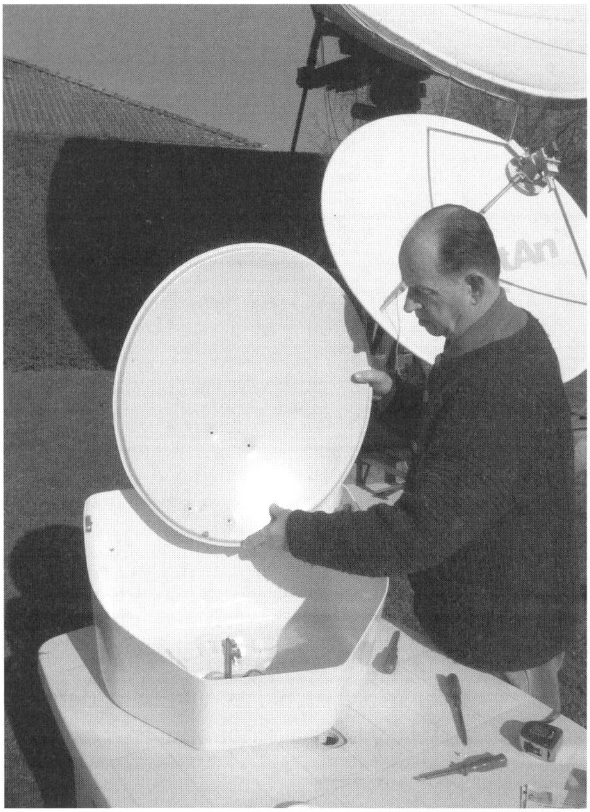

Bild 9.15 Der Reflektor kann nun ins Gehäuse eingesetzt werden.

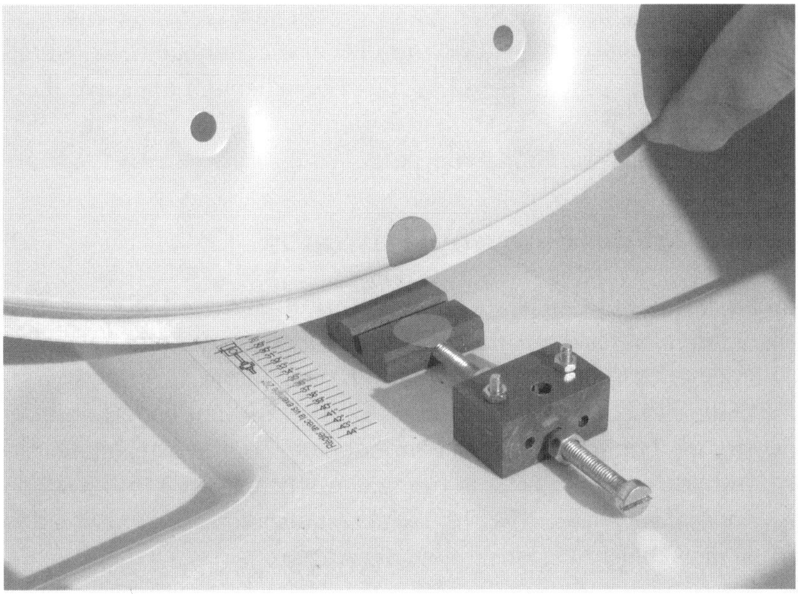

Bild 9.16 Sein Rand muss in die Nut der Elevationseinstellungsvorrichtung gesteckt werden.

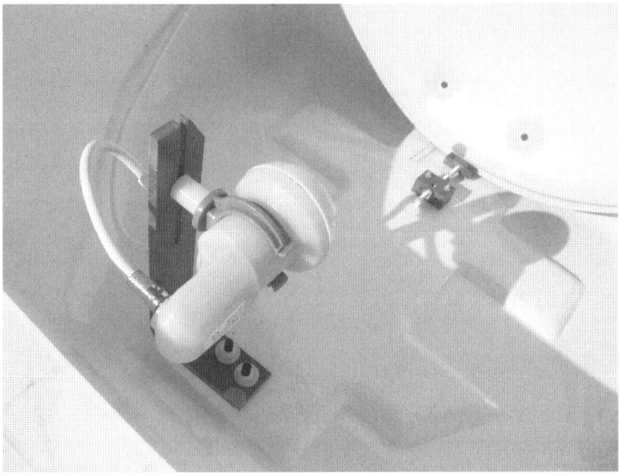

Bild 9.17 Der LNB wird in die 40-mm-Schelle gesteckt.

Nachdem die selbst gebastelte Geheimantenne am vorgesehenen Betriebsort auf den gewünschten Satelliten mit maximalem Empfangspegel ausgerichtet wurde, muss noch der Deckel aufgesetzt werden. Auch er wird, genauso wie der Boden, mithilfe von Kanthölzern an den Seitenwänden angeschraubt. Da wir es hier jedoch mit einer schrägen Fläche zu tun haben, müssen die an der Vorder- und Rückseite montierten Kanthölzer abgeschrägt werden, sodass die Deckplatte plan aufliegen kann.

Diese einfache Beschreibung zeigt nur einen möglichen Weg auf, wie man selbst eine Sat-Antenne »verpacken« und unsichtbar machen kann. Selbstverständlich bieten sich aber auch andere Lösungsmöglichkeiten an, sowohl bei der Wahl der Materialien als auch bei den erforderlichen Arbeitsschritten. Hier sind der eigenen Fantasie keine Grenzen gesetzt.

Der LNB bestimmt die Empfangsleistung

Cubsat-Antennen werden ohne LNB geliefert. Ihre Aufnahme erlaubt den Einsatz eines beliebigen Universal-LNBs mit einem Flanschdurchmesser von 40 mm, was heute allgemeiner Standard ist. Die Empfangsleistungen der Antenne werden durch die Güte des einzubauenden LNBs bestimmt. Minderwertige oder sehr alte Konverter mit hoher Rauschzahl vermögen die Empfangsresultate mitunter etwas zu trüben. Mit guten LNBs mit einer Rauschzahl von 0,1 oder 0,2 dB lässt sich aus der Antenne jedoch richtig viel herausholen. Sie entscheiden zuletzt auch über die Schlechtwetterreserven der Anlage.

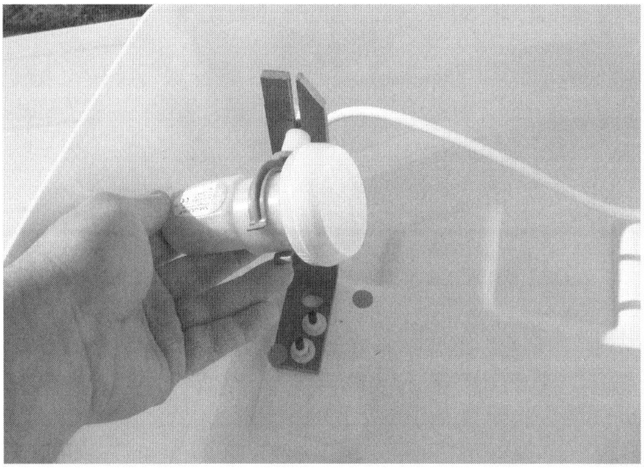

Bild 9.18 Der LNB lässt sich in der Halterung nach oben bzw. unten verschieben oder verdrehen. Je nach eingestellter Elevation muss die optimale LNB-Einbaulage ermittelt werden.

Da einem die Wahl des LNBs selbst überlassen wird, lassen sich auch Mehrteilnehmer-LNBs in der Antenne montieren. Da ihre Empfangsleistung jedoch nicht mit großen, frei stehenden Schüsseln verglichen werden darf, sollte man nicht in Versuchung geraten, mit der Cubsat eine größere Mehrteilnehmer-Anlage zu planen. Der Einsatz eines Twin-LNBs macht jedoch durchaus Sinn.

Wie gut die Cubsat funktioniert, wird auch davon beeinflusst, wie sorgsam der LNB montiert und ausgerichtet wird. Der Abstand zum Reflektor ist zwar vorgegeben, jedoch nicht seine Höhe und seine Neigung. Die ideale Einstellung wird auch vom einzustellenden Elevationswinkel beeinflusst. Hier bedarf es durchaus etwas Ausdauer, bis man die richtige Stellung gefunden hat. Mit einem empfindlichen Digitalreceiver, der im Sendersuchlauf-Menü über eine leicht lesbare Anzeige für Signalstärke und Qualität verfügt, ist diese Aufgabe aber leicht zu bewältigen.

Geeignete Montageorte für eine Cubsat

Aufgrund ihrer Konstruktion ist die Cubsat nicht für typische Mastmontagen vorgesehen. Sie bietet sich primär an, um sie auf den Boden zu stellen. Beispielsweise kann sie im Bereich eines Weges ums Haus, nahe der Wand oder an geeigneter Stelle auf dem Balkon platziert werden. Auch ihre Integration in den Garten ist möglich.

Bild 9.19 Diese Cubsat 50 wurde direkt an der Hauswand montiert.

Da sie anders als übliche Sat-Spiegel sehr tief, nämlich etwa auf Bodenniveau installiert wird, muss besonders auf die Gewährleistung der dauerhaften Sichtverbindung zum Satelliten geachtet werden. Diese Verbindung zum Satelliten wird beispielsweise auf dem Balkon unterbrochen, wenn man Gartenmöbel vor der Antenne aufstellt oder wenn man es sich vor ihr einfach gemütlich macht.

Bild 9.20 Hier haben wir einen Platz gefunden, an dem sich die Cubsat im Hang sogar eingraben ließe. Damit wäre sie so gut wie unsichtbar.

Gleiches gilt sinngemäß auch für den Garten. Sprießende Ziergewächse oder Nutzpflanzen sollten sich jedenfalls nicht vor der Cubsat ausbreiten. Schieben sich Äste oder Blattwerk in die direkte Sichtverbindung zum Satelliten, dämpfen sie das Signal mitunter so stark, dass der Empfang zusammenbricht.

Bild 9.21 Die größere Cubsat 70 hat zwar ein etwas auffälligeres Gehäuse, kann aber durchaus auch als »Minigewächshaus« ihren Platz im Garten finden.

Die Cubsat ausrichten und montieren

Das Ausrichten der Cubsat funktioniert ähnlich wie das Ausrichten üblicher Schüsseln. Herkömmliche Antennen werden am Mast oder an der Wandhalterung einfach nach links oder rechts geschwenkt und bei gefundener Idealeinstellung fixiert. Die Cubsat steht hingegen lose am Boden und wird komplett ausgerichtet. Da sie dabei noch keine feste Verbindung mit dem Untergrund hat, kann man sie leicht wieder verschieben, wobei der Empfang erneut ausfällt. Am Gehäuse ist keine Vorrichtung vorhanden oder zur Montage vorgesehen, mit der man die Antenne irgendwo fixieren könnte.

Bild 9.22 Die Cubsat-Antenne an der Hauswand platziert.

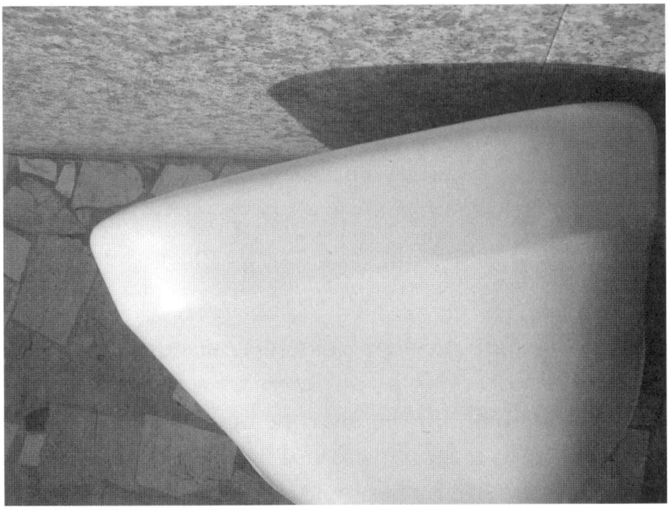

Bild 9.23 Wird der Satellit von der Seite empfangen, tut sich zwangsweise ein Spalt zwischen Wand und Antennengehäuse auf.

Obwohl die Cubsat einen sicheren Stand am Boden hat, ist die Antenne doch zu leicht, um sie einfach so stehen zu lassen. Es ist also unerlässlich, die ausgerichtete Antenne zu verankern. Das kann etwa geschehen, indem man sie am Betonboden anschraubt. Dazu muss zuerst im vorderen und hinteren Berech des unteren Gehäusedeckels am linken und rechten Rand je ein ausreichend großes Loch gebohrt werden.

Nachdem die Antenne auf optimalen Empfang am vorgesehenen Montageort ausgerichtet wurde, sollte die Lage der am Boden herzustellenden Bohrungen zum Anschrauben der Antenne angezeichnet werden. Nachdem die Antenne wieder entfernt wurde, können die Bohrungen ausgeführt werden. Damit die Cubsat den nötigen Halt bekommt, empfiehlt es sich, sie mit verzinkten 8-mm-Sechskantschrauben (A2) zu befestigen. Die dazu benötigten Bohrungen sollten mit einem 10-mm-Steinbohrer gemacht werden, in die 10-mm-Dübel gesteckt werden. Bei diesen Bohrungen ergeben sich immer wieder Toleranzen, die die Antenne nicht verzeiht. Für sie gibt es nämlich nur eine genau definierte Stellung, in der sie befestigt werden muss.

INFO!

Großzüge Bohrungen

Um bei angeschraubter Cubsat zumindest noch eine Feinjustierung vornehmen zu können, empfiehlt sich, die Bohrungen am Gehäuseboden großzügig zu dimensionieren. Haben sie etwa einen Durchmesser von 12 bis 14 mm, lässt sich die noch lose angeschraubte Antenne selbst bei nicht vollkommen exakt gesetzten Bohrungen auf Ideallage ausrichten.

Da die Löcher im Gehäusedeckel zu groß für die Schraubenköpfe sind, benötigt man entsprechend große Unterlegscheiben. Sie schützen zudem auch die Kunststoffschale. Während des Befestigens am Boden ist stets darauf zu achten, dass die Antenne nicht die ideale Empfangslage, bei der sie maximalen Signalpegel liefert, verlässt.

Auch das Eingraben einer Cubsat kann zu einer kleinen Herausforderung werden. Zuerst ist im ausgehobenen Loch eine plane Oberfläche zu schaffen, die einen sicheren, nicht wackelnden Stand für die Antenne bereitstellt. Nachdem sie auf den Satelliten ausgerichtet wurde, darf sie beim Füllen des Lochs mit Erdreich keinesfalls ihre Lage verändern. Ferner muss darauf geachtet werden, dass die Antenne ihre Position, etwa bei aufgeweichtem Erdreich nach einem starken Regen, nicht verändern kann.

Zuletzt sollte noch auf ein kleines, aber wichtiges Detail geachtet werden: nämlich auf die an der hinteren Gehäusewand eingebaute F-Buchse, an der das Antennenkabel angeschlossen wird. Da hier große Gefahr besteht, dass Feuchtigkeit eindringen und mittel- bis langfristig für Kurzschlüsse sorgen kann, muss der Bereich bei angeschlossenem Kabel großzügig, etwa mit einem vulkanisierenden Band, abgedichtet werden.

Der ideale Aufstellungsort für eine Cubsat-Antenne lässt sich manchmal aber schwerer finden, als man anfänglich meint. Einfach an die Hauswand stellen und schon kann man fernsehen, das funktioniert meistens nicht. Da die Lage des Cubsat-Würfels durch die Ausrichtung auf den Satelliten bestimmt wird, kann er manchmal ziemlich schief im Vergleich zur Hauswand stehen.

Empfangsleistungen der Antenne

Die Empfangsleistungen der größeren Cubsat-Antenne können sich durchaus sehen lassen. Während unserer Tests bei Schönwetter ermittelten wir an ihr bei geöffnetem Deckel mit einem 0,2-dB-LNB ein C/N von immerhin 16 dB. Der C/N-Wert sagt aus, um wie viel dB das empfangene Nutzsignal über dem Grundrauschen liegt. An einer 90-cm-Antenne am Testort ermittelten wir zum Vergleich einen Nutzsignalpegel von immerhin 20,5 dB.

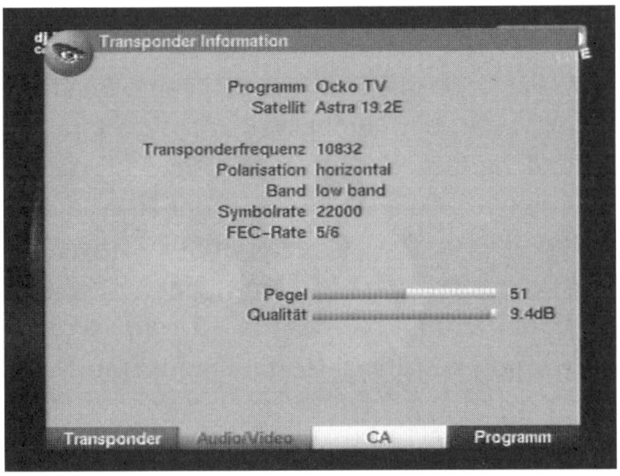

Bild 9.24 Empfangspraxis der Cubsat 70: Bei einer Kabellänge von rund 70 m ermittelten wir bei diesem Sender auf Astra einen Qualitätspegel von 9,4 dB.

Die Cubsat ist allerdings erst mit aufgesetztem Deckel fertig montiert und auch wirklich unauffällig. Dieser bringt jedoch eine Signaldämpfung von 2 dB mit sich. Diese Dämpfung ist zwar nicht zu vernachlässigen, wird von der Cubsat 70 aber noch gut weggesteckt. Selbst bei einem C/N von nur noch 14 dB liefert die Antenne mehr, als man von mancher Minischüssel auch nur annähernd erwarten darf. Nicht ganz so rosig verhält es sich bei der kleineren Cubsat 50. Da auch ihr Deckel um 2 dB dämpft, sinkt ihr Nutzsignalpegel schon erheblich, womit der einwandfreie Empfang aller digitalen Transponder auf Astra nicht mehr gewährleistet werden kann.

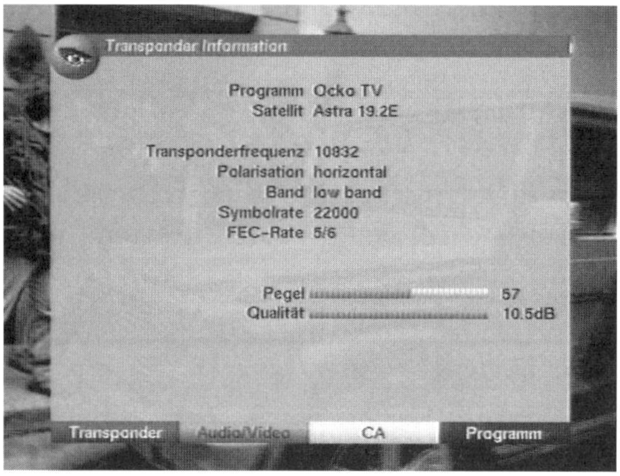

Bild 9.25 An unserer 90-cm-Schüssel liegt der Qualitätspegel mit 10,5 dB rund 1,1 dB höher. Beide Resultate stellten uns vollauf zufrieden.

9.3 Die Digiglobe – die perfekt getarnte Sat-Schüssel mit Zusatznutzen

Die Digiglobe zählt wohl zur ersten Wahl, wenn es darum geht, eine Schüssel so zu verstecken, dass sie zwar jeder sieht, aber keiner weiß, dass sie eine ist. Die Digiglobe ist nämlich in einer milchglasfarbenen Kugel versteckt, die an eine Leuchte erinnert. Nüchtern betrachtet ist die Digiglobe sogar eine Lampe. Immerhin befindet sich in ihrer aus zwei Halbschalen bestehenden Kunststoffkugel mit einem Durchmesser von 45 cm auch eine E14-Lampenfassung. Sie ist für herkömmliche Glüh- oder Energiesparlampen bis maximal 15 Watt vorgesehen. Die Digiglobe gibt es mit einer Wandhalterung oder mit einem Standfuß.

Im Inneren der Kugel findet eine Primefocus-Antenne mit einem Durchmesser von 43 cm Platz. Primefocus-Antennen sind kreisrund und haben ihren Brennpunkt genau in der Mitte. Heute allgemein übliche Offset-Spiegel sind hingegen ein wenig oval und haben einen um 20° nach unten verschobenen Brennpunkt. Die Digiglobe wartet mit einer weiteren Besonderheit auf. Sie arbeitet nach dem Cassegrain-Prinzip. Anstelle des LNBs ist in ihrem Brennpunkt ein kleiner Subreflektor eingebaut, der die Sat-Signale weiter bündelt und über einen Hohlleiter zur Rückseite der Antenne leitet. Hier befindet sich auch der LNB. Dabei kommt ein Typ mit genormtem Flanschanschluss zum Einsatz, der direkt auf der Rückseite des Reflektors befestigt wird. Da Flansch-Universal-LNBs kein Feedhorn eingebaut haben, können sie nicht ohne Weiteres an herkömmlichen Sat-Schüsseln betrieben werden.

Bild 9.26 Während die rechte Antenne sehr wohl als Sat-Schüssel zu erkennen ist, tarnt sich die Digiglobe als Lampe. (Bild: Satellitentechnik Olbort, *www.olbort.at*)

Schnell und einfach aufgebaut

Auch die Digiglobe ist einfach aufgebaut. Die Wandhalterung oder der Standfuß ist als Kunststoffrohr ausgeführt, durch das alle Anschlusskabel zu führen sind. Neben dem Antennenkabel ist das auch eine 230-Volt-Leitung, über die die in der Antennenkugel eingebaute Glühlampe mit Energie versorgt wird. Vor dem Anschrauben der Halterung sollte für die Verlegung aller Kabel gesorgt werden. Auf die an der Wand oder am Betonboden befestigte Halterung muss die untere Halbschale des Kugelgehäuses aufgesetzt werden. Da sie nur aus dünnem Material besteht, ist dabei sorgsam vorzugehen. Die untere Kugelhälfte wirft zunächst die Frage auf, wie die Antenne einzubauen ist.

Bild 9.27 In der unteren Halbschale findet sich lediglich ein schmaler gerippter Steg. Er dient zur Elevationseinstellung. Der Reflektor rastet damit in der korrekten Lage ein.

Der Reflektor hat an beiden Seiten zwei kleine Nasen, mit denen er in die dafür vorgesehenen Schlitze in der unteren Halbschale einzuhängen ist. Zur Elevationseinstellung findet sich im Inneren des Gehäuses ein schmaler gerippter Steg. Er gibt dem Reflektor, der auf ihm einrastet, sicheren Halt, sobald dieser optimal auf den Satelliten ausgerichtet wurde.

Bild 9.28 Der Reflektor besitzt seitwärts kleine Nasen, an denen er einfach in die untere Halbschale eingehängt wird.

Zusätzliches Schraubenmaterial ist nicht erforderlich. Bevor die obere Halbschale aufgesetzt wird, muss das Antennenkabel am LNB angeschlossen und die Glühlampe in die Lampenfassung gedreht werden.

Empfangsleistungen der Digiglobe

Mit rund 43 cm Durchmesser zählt die Digiglobe zu den ganz kleinen Spiegeln, die sich nur für den Empfang der leistungsstärksten Satelliten, wie des deutschen Astra auf 19,2° Ost, empfehlen. Auch bei ihr sorgt das Gehäuse für eine Signaldämpfung von 1 bis 2 dB, womit die Geheimschüssel schon hart an der Grenze des Machbaren arbeitet. Allzu hohe Schlechtwetterreserven darf man sich von ihr nicht erwarten. Bei starkem Regen oder Schneefall kann es so schon einmal zu Beeinträchtigungen oder Ausfällen auf einzelnen Transpondern kommen.

Standard-LNB gegen einen stärkeren austauschen

Auch der bei der Digiglobe zum Einsatz gelangende Flansch-LNB ist ein Standardbauteil, das sich jederzeit austauschen lässt. Hat man bereits seit Jahren eine solche Antenne zu Hause, kann mit wenigen Handgriffen ein leistungsstärkerer LNB eingebaut werden, womit sich auch die Empfangsleistungen der Anlage verbessern. Zur Demontage des LNBs muss lediglich der Hohlleiter, der an der Vorderseite des Reflektors den kleinen Subreflektor trägt, abgeschraubt werden. Dazu ist nicht einmal Werkzeug erforderlich. Danach lässt sich rückseitig ein Kunststoffträger, an dem der LNB mit vier Schrauben befestigt ist und der auch die Lampenfassung trägt, einfach abnehmen.

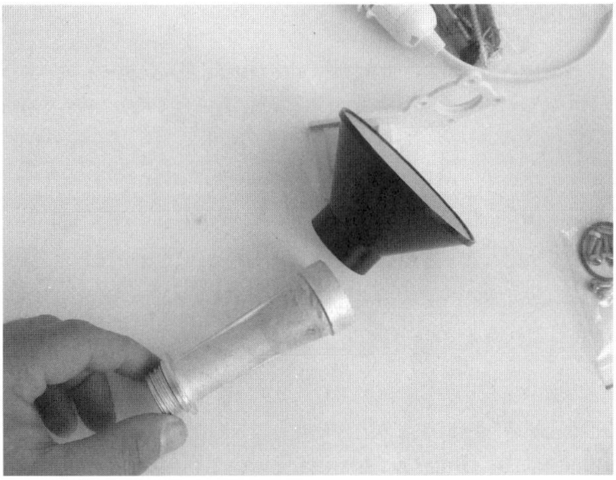

Bild 9.29 Die Digiglobe-Antenne lässt sich leicht zerlegen. Sie sehen die Bestandteile des Cassegrain-Teils. Der Hohlleiter kann einfach vom LNB-Halter abgeschraubt werden.

Nach dem Wechsel des LNBs wird die Konstruktion einfach wieder mit dem Hohlleiter am Spiegel angeschraubt. Für optimalen Empfang ist auch hier der LNB so lange zu drehen, bis am Receiver maximale Signalstärke und Qualitätspegel ausgewiesen werden.

Bild 9.30 LNB mit angeflanschter Lampenfassung. Am Kunststoffträger ist der LNB nur mit vier Schrauben befestigt. Da wird der LNB-Tausch zum Kinderspiel.

Digiglobe-Antennen werden in mehreren Ausführungen angeboten. Die einfachere Version ist mit einem Single-LNB ausgestattet, die komfortablere mit einem Twin-LNB, der den Anschluss von zwei Receivern erlaubt. Wegen der simplen Montage lässt sich an der Digiglobe auch leicht der Single- gegen einen Twin-LNB austauschen.

Aus der Sat-Schüssel wird eine Lampe

Die Idee, eine Satellitenschüssel in einer Lampe einzubauen, ist genial. Was sich in der Theorie toll anhört, daran hapert es allerdings ein wenig in der praktischen Ausführung. Da die Lampenfassung am hinteren Teil des Reflektors, im Nahbereich des LNBs eingebaut ist, wird nur der rückwärtige Teil der Digiglobe ausgeleuchtet. Nach vorne kann kein Licht dringen, da hier der Reflektor im Weg ist. Das macht die Digiglobe wiederum etwas verdächtig. Das Kugelinnere bietet jedoch auch vor dem Reflektor genügend Platz, um hier noch eine zweite Lampe einzubauen. Sie wird am unteren Ende des Reflekors so angebracht, dass dieser möglichst nicht von der Lampe verdeckt wird. Das Kabel der zweiten Lampenfassung wird einfach an der Reflektorrückseite parallel zur bereits bestehenden Fassung angeschlossen. Während dieser Arbeiten muss sichergestellt werden, dass die Antenne stromlos ist.

Die Lampenfassung ist für eine maximale Leistung von 15 Watt ausgelegt. Damit lassen sich in der Digiglobe nur äußerst leistungsschwache Glühlampen, die die Umgebung nur spärlich ausleuchten, betreiben. Benötigt man aber mehr Licht, was auch aus Gründen der optimalen Tarnung anzuraten ist, empfiehlt sich der Einsatz einer Energiesparlampe. Bereits eine kleine 7-Watt-Energiesparlampe liefert eine Lichtausbeute, die einer 35-Watt-Glühlampe entsprechen würde. Ist die Digiglobe mit zwei solcher Lampen ausgestattet, leuchtet sie überaus hell und kann auch wertvolle Dienste als Balkon- oder Gartenleuchte erfüllen.

Bild 9.31 Die Lampenfassung ist hinter dem Reflektor angebracht, womit nur der hintere Teil der Digiglobe ausgeleuchtet werden kann.

INFO!

Schnee auf der Digiglobe – kein Problem

Lampen leuchten nicht nur, sie geben auch Wärme ab. Bei der klassischen Glühlampe werden zumindest 96 % der Energie in Wärme umgewandelt. Selbst bei Energiesparlampen sind es noch an die 80 %. Da die Digiglobe nur für geringe Lichtleistungen vorgesehen ist, hält sich die im Inneren der Kugel entstehende Wärme in Grenzen. Sie genügt aber durchaus, um etwa Schnee, der auf dem oberen Teil der Digiglobe zu liegen kommen kann, zu schmelzen. Dazu muss einfach das Licht angeschaltet werden.

Ideale Montageorte für die Digiglobe

Darf man keine Sat-Schüssel installieren, sind möglichst unauffällige Montageorte gefragt. Immerhin soll die Antenne ja nicht zu sehen sein. All das gilt für die Digiglobe nicht. Sie lässt sich eigentlich überall betreiben. Ideale Standorte sind solche, die sich bevorzugt dazu anbieten, bestimmte Bereiche auszuleuchten. Das kann etwa der Weg zur Haustüre sein oder im Garten in der Nähe der Gartenmöbel, wo man abends etwas Licht gebrauchen kann.

Bild 9.32 Gartenleuchte oder doch etwas anderes? Die Digiglobe-Antenne lässt bei ihrem Anblick kaum den Gedanken an Satellitenempfang aufkommen.

Sie eignet sich aber auch vorzüglich als Balkonleuchte, wobei sie sich nicht nur an der Hauswand, sondern sogar direkt auf dem Balkon installieren lässt. Die Auswahl des Montageorts unter »lichtlogischen« Voraussetzungen dient primär der Tarnung. Wird die Digiglobe dort aufgestellt, wo dem Vermieter oder allen anderen eine Lampe logisch erscheint, wird sie auch nicht als Sat-Antenne entlarvt werden. Oberste Priorität für den Standort sollte auch hier die freie Sicht zum Satelliten sein. Fehlt sie oder ist sie eingeschränkt, kann der Empfang nicht gelingen.

Bild 9.33 Die Digiglobe eignet sich hervorragend als Wegbeleuchtung. Dass man mit ihr auch fernsehen kann, ist eine angenehme »Nebenerscheinung«.

Das Faszinierende an der Digiglobe ist zweifelsohne, dass sie sich eigentlich überall, sogar frei stehend, aufstellen lässt. Lediglich klassische Montageorte, an denen man üblicherweise eine Sat-Schüssel aufbaut, sind nichts für sie. Wer würde schon eine Digiglobe am Antennenmast am Dach anschrauben?

Bild 9.34 Drei Sat-Antennen und eine Gartenleuchte – oder doch nicht?

10 Sat-Spiegel geschickt verstecken

In mehreren Ländern ist der private Satellitenempfang verboten. Im Iran versteckt man zum Beispiel Sat-Antennen unter »Steinen«. Dabei handelt es sich um Kunststoffgehäuse in Steinform, die man über die Antenne stülpt. Was es woanders zu kaufen gibt, lässt sich auch selbst basteln. In diesem Kapitel untersuchen wir, wie stark verschiedene Materialien das Sat-Signal dämpfen. Aus den gewonnenen Resultaten lässt sich gut ersehen, dass sich für den fantasievollen Bastler sehr wohl mehrere Möglichkeiten anbieten, wie er seine Antenne verstecken kann. Im Fokus standen dabei vor allem leicht zu bearbeitende Materialien wie Holz oder Pressspanplatten, aber auch Kunststoff.

Metalle aller Art lassen keine Sat-Signale passieren – weshalb sie etwa für den Bau eines »Antennenkastens« nicht infrage kommen. Am besten eignen sich eher dünnere Kunststoffe. Sie kommen auch bei zum Kauf angebotenen Geheimantennen, wie der Cubsat oder der Digiglobe, zum Einsatz. Allerdings macht sich die Dämpfung bereits bei ihnen mit rund 2 dB deutlich bemerkbar, womit die Empfangsleistung einer kleinen Antenne spürbar sinkt. Eigenbaulösungen sind vor allem dann von Interesse, wenn es darum geht, etwas größere Spiegel zu verstecken. Immerhin bieten sehr kleine Antennen der 40-cm-Klasse, so wie sie etwa in der Digiglobe eingebaut sind, nur geringe Schlechtwetterreserven. Schüsseln mit bis zu 90 cm Durchmesser lassen sich durchaus in einem Kasten verstecken.

10.1 Die Signaldämpfung ermitteln

Zur Ermittlung der Signaldämpfung verschiedener Materialien muss der Spiegel nicht komplett verpackt werden. Es genügt, wenn man das zu testende Material direkt vor den LNB hält. Der Reflektor bündelt die vom Satelliten empfangenen Signale nämlich zum Brennpunkt der Antenne, also dorthin, wo der LNB montiert ist. Direkt vor ihm befindet sich die gleiche Menge an Satellitensignalen, wie sie am Reflektor auftreffen, nur eben in gebündelter Form. Das machen wir uns zunutze. Die Dämpfung des Satellitensignals wird nicht nur vom Material und dessen Dicke beeinflusst, sondern auch vom Winkel, in dem die Signale durch das Material dringen. Dringen sie im rechten Winkel durch das Material, erfahren sie die geringste Dämpfung. Deshalb empfehlen sich schräge Abdeckungen, so wie sie auch bei den Cubsat-Antennen üblich sind.

Auswirkung unterschiedlicher Materialien auf den Empfang

Zuerst wird an einer 90-cm-Testantenne der Nutzsignalpegel bei direkter Sicht zum Satelliten ermittelt. Er beträgt bei durchschnittlicher Bewölkung 18,5 dB.

Davon ausgehend, dass besonders die Abdeckung der Antenne keinen hohen mechanischen Belastungen standhalten muss, konzentrieren wir uns primär auf dünnere Materialien.

Holzdekorplatte

Mit einer rund 4 mm dicken Holzdekorplatte ermitteln wir eine Dämpfung von lediglich 1 dB, womit noch beinahe die volle Empfangsleistung der Antenne erhalten bleibt. Unter dieser Voraussetzung wäre sogar eine geheime Doppelfeed-Lösung, etwa für den deutschen Astra auf 19,2° Ost und Hot Bird auf 13° Ost, realisierbar.

Pressspanplatte

Für rund 4 dB Dämpfung sorgt eine 4 mm dicke Pressspanplatte. Selbst mit ihr sorgt ein noch vorhandener Rest-Nutzsignalpegel von 14,5 dB für ausreichend guten Empfang. Er bewegt sich etwa in der Größenordnung, wie man ihn von ca. 70 cm messenden Spiegeln erwarten darf. An gut funktionierenden Doppelfeed-Empfang ist da allerdings nicht mehr zu denken.

Fichtenholz

Braucht man es stabiler, bietet sich etwa Fichtenholz an. Bei einer Stärke von 18 mm sorgt es für einen Nutzsignalpegel von 14,0 dB. Was immerhin mehr ist, als wir erwartet hätten. Durch 28 mm dickes Holz tritt bereits eine nicht mehr zu unterschätzende Dämpfung von 8,5 dB auf. An Nutzsignal bleiben nur noch 10 dB übrig. Etwa gleich viel darf man von einer 35-cm-Schüssel erwarten. Damit gelingt zumindest noch der einwandfreie Empfang der meisten digitalen Astra-Transponder. Schlechtwetterreserven sind allerdings kaum noch vorhanden. Mit 5 cm Holzdicke hat man die Grenze des Machbaren bereits überschritten. Bei nur noch 3 dB über Grundrauschen spricht keine Digitalbox mehr an.

Bild 10.1 18 mm dickes Fichtenholz dämpft den Sat-Empfang nur um rund 4,5 dB. Bei etwas größeren Antennen ist das ohne Weiteres zu verschmerzen.

Kunststoffe

Vielversprechend sind auch Kunststoffe. 6 mm dickes Plexiglas vermindert den Nutzsignalpegel nur um rund 2 dB, womit noch beinahe die volle Sat-Power zur Verfügung steht. Weitere Versuche mit verschiedenen Kunststoffen von rund 1 bis 3 mm Stärke sorgen ebenfalls für eine nur geringe Dämpfung vor rund 1 bis 3 dB und eignen sich somit sehr gut dazu, eine Antenne zu verstecken.

Farbgebung und Schaumstoff

Abdeckungen lassen sich durch verschiedene Farbgebungen optimal an die Umgebung anpassen. Man kann sie beispielsweise in Wiesengrün oder Erdbraun bemalen, ihnen die Farbe der Hauswand oder die Steinstruktur der Stützmauer verpassen. Aber auch Schaumstoff oder Korbgeflecht bieten sich an, um der Antenne ein neutrales Aussehen zu verleihen. Während Korbgeflecht zu einer Signaldämpfung von rund 2 dB führt, zeigte sich unsere Antenne von 3 cm dickem Schaumstoff völlig unbeeindruckt.

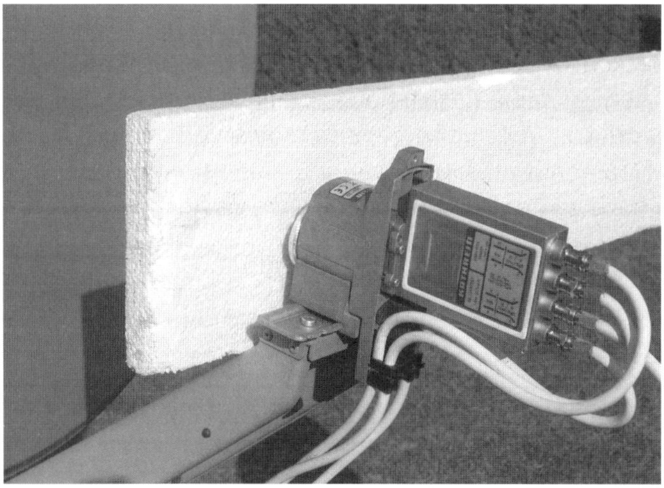

Bild 10.2 3 cm dicker Schaumstoff lässt Sat-Signale ungehindert passieren. Damit bietet er sich zur Oberflächengestaltung an, womit die Antenne unsichtbar werden kann.

Marmorplatte

Zuletzt haben wir noch die Dämpfung einer 20 mm dicken Marmorplatte ermittelt. Obwohl wir einen totalen Zusammenbruch des Sat-Empfangs erwartet hatten, spielte unser Digitalempfänger munter weiter. Mit immerhin 11 dB über Grundrauschen kommen die Sat-Programme ähnlich stark an wie mit einer 40-cm-Schüssel.

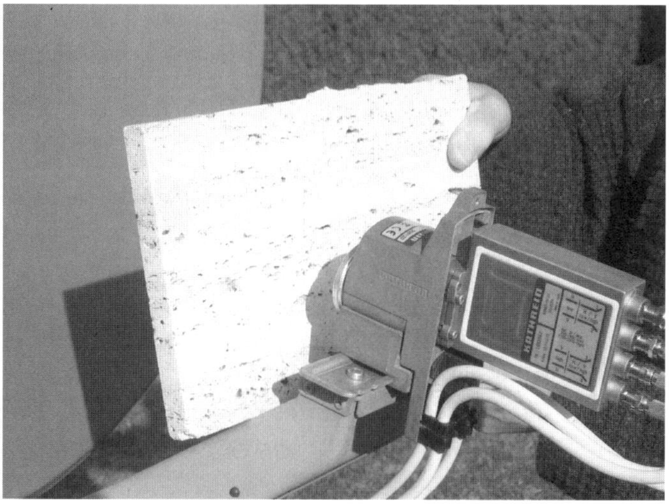

Bild 10.3 Selbst durch 2 cm dicken Marmor hindurch funktioniert noch Digitalempfang auf Astra.

Die hier gemachten Angaben sind nur als Richtwerte zu verstehen. Die Beispiele zeigen aber, dass es durchaus verschiedene Materialien gibt, mit denen man eine Schüssel verpacken kann. Bevor man ans Basteln geht, empfiehlt sich jedenfalls, mit den ins Auge gefassten Materialien einen Test durchzuführen. Dazu sollte die Antenne zuerst auf gewohnte Weise provisorisch montiert und dann das vorgesehene Material ausprobiert werden, indem man es vor den LNB hält und ein wenig nach vorne und zurück schwenkt. Dadurch werden verschiedene Einfallswinkel ausprobiert.

INFO!

Empfangsqualität mit dem Digitalempfänger prüfen

Zur Ermittlung der Empfangsqualität kann der Digitalempfänger sehr gute Dienste leisten. Man schaltet ihn einfach im Sendersuchlauf-Menü auf einen der empfangenen Transponder. Signalstärke- und Qualitätsanzeige verraten zunächst die Empfangsgüte der unter freiem Himmel stehenden Schüssel. Anschließend beobachtet man, wie sich der Signalverlauf bei vorgehaltenen Materialien verhält. Zeichnet man das Menü auf Video auf, kann man den Test auch alleine durchführen, ohne Receiver und Fernseher ins Freie schleppen zu müssen.

11 Liegende Spiegelmontage

Sat-Antennen werden so gut wie immer mit stehendem Reflektor montiert. Damit sind sie in voller Größe weithin sichtbar und so meist der Anlass für ein Schüsselverbot. Man kann den Spiegel aber auch so montieren, dass er sozusagen auf dem Boden liegt und nur der LNB-Arm nach oben ragt. Auf diese Weise lassen sich selbst größere Spiegel am Balkon verstecken und geheim betreiben. Durch die liegende Montage des Reflektors ist von der Ferne nur seine Schmalseite zu erkennen. Diese beträgt selbst bei 90er-Spiegeln an der dicksten Stelle nur rund 5 bis 7 cm. Da der LNB-Arm meist nur aus einem unscheinbaren Metallteil besteht und die Empfangseinheit selbst auch nur sehr klein ist, fällt der nun nach oben ragende Teil gar nicht auf.

Bild 11.1 In waagerechter Montage auf Astra ausgerichteter Spiegel. Da sein Reflektor liegt, fällt er weit weniger auf als bei üblicher Installation. Die waagerechte Montage eignet sich besonders für Balkone.

11.1 Antenne montieren und Elevation einstellen

Zur liegenden Montage eines Sat-Spiegels benötigt man eine übliche Sat-Antennen-Wandhalterung. Es kann ein Modell mit kurzem Ausleger gewählt werden, sofern etwa der deutsche Astra auf 19,2° Ost angepeilt werden soll.

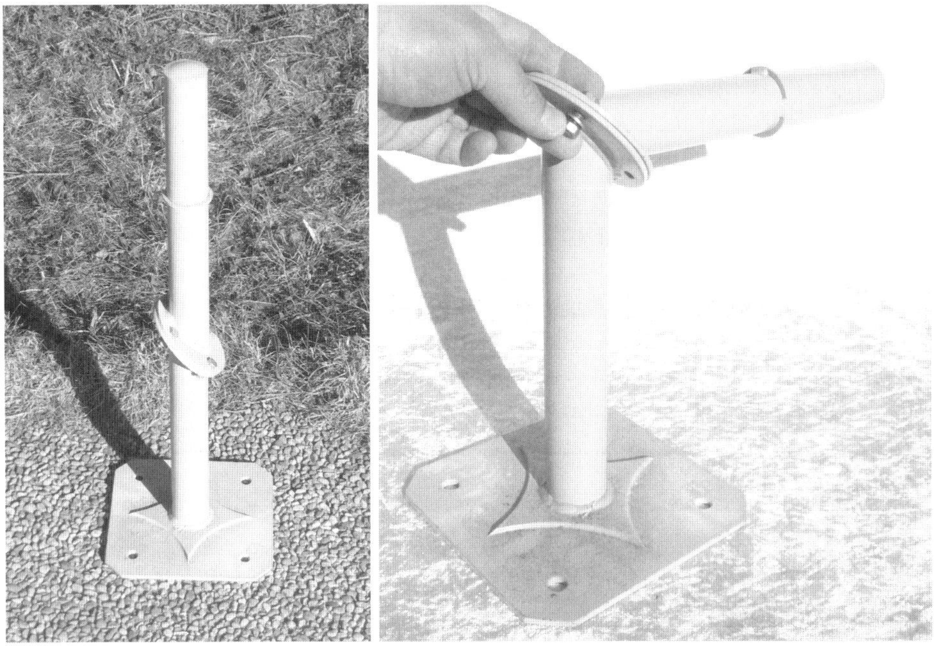

Bild 11.2 Üblicherweise werden Standrohre montiert, um auf ihnen Sat-Schüsseln in herkömmlicher Weise zu installieren. Dieses Mastmodell lässt sich auch zur Wandhalterung umfunktionieren.

Die Wandhalterung muss hierbei ausnahmsweise am Boden angeschraubt werden. Der Ausleger ragt nach oben, das kurze Rohr, an dem die Schüssel angeschraubt wird, zeigt nach Süden. Auf dieses wird nun die Antenne aufgeschoben, und zwar so, dass der LNB-Arm sozusagen an der Nordseite des Reflektors nach oben ragt. Die Muttern der Schüsselmasthalterung sind so weit zu befestigen, dass sich die Antenne zwar noch nach links oder rechts schwenken lässt, aber nicht von selbst zur Seite rutscht.

Bild 11.3 Anders als gewohnt wird die Wandhalterung am Boden angeschraubt.

Durch das Schwenken von links unten über die Mitte nach rechts unten wird der Azimut abgefahren. Damit wird die Himmelsrichtung bestimmt, aus der der gewünschte Satellit empfangen wird. Dieser Arbeitsschritt entspricht dem Schwenken eines »normal« montierten Spiegels von Ost nach West.

Bild 11.4 Anschließend wird die Antenne aufgeschoben. Der LNB-Arm befindet sich nun an der Nordseite der Schüssel.

Auch bei liegend montierten Antennen muss die Elevation an der rückwärtigen Mastschelle eingestellt werden. Allerdings sind hier andere Winkel gefragt als bei stehender Montage. Stellt man etwa 33° für den süddeutschen Raum ein, ist man jedenfalls falsch bedient.

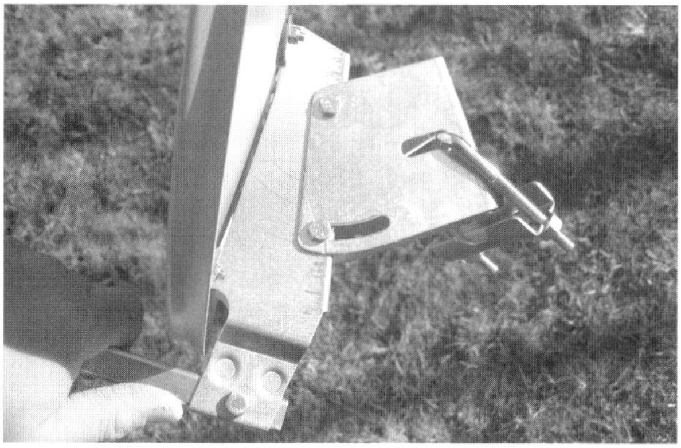

Bild 11.5 Auch bei waagerechter Montage ist die Elevation einzustellen. Da Sat-Antennen jedoch nicht für diese Installationsart vorgesehen sind, weist die Elevationseinstellung nicht immer den erforderlichen Bereich auf, um die Schüssel korrekt ausrichten zu können.

Die Testantenne lässt die Elevationseinstellung von rund 15° bis 50° zu. Da wir noch nicht wussten, welcher Winkel gefragt ist, versuchten wir verschiedene Elevationswerte und fuhren mit dem Spiegel den Orbit ab – leider ohne Erfolg. Selbst bei 50° Endausschlag war noch kein Signal zu bekommen. Damit zeigte sich, dass die Antenne werkseitig nicht in der Lage ist, den geforderten Winkel einstellen zu lassen. Konkret fehlten uns am Testort rund 7° zum Erfolg.

Dazu eine einfache Überlegung: Bei traditioneller Montage ist am Testort eine Elevation von 33° gefordert. Da wir die Antenne jedoch um 90° »falsch« montiert haben – die Mastschelle der Schüssel schaut nach unten statt nach hinten – sind die 33° von 90° abzuziehen, womit sich ein Winkel von 57° ergibt. Damit wird ersichtlich, dass unsere Antenne am rückwärtigen nördlichen Ende weiter angehoben werden müsste, als es die Elevationseinstellung erlaubt.

Bild 11.6 Damit wir mit unserer Testantenne die geforderte Elevation erreichen, müssen wir eine Mutter zwischen »Bodenhalterung« und Spiegel-Mastschelle legen.

Bei der hier vorgestellten Testanlage sorgt eine etwas größere M10-Mutter für Abhilfe. Man schiebt sie einfach zwischen die Halterung und den oben liegenden Teil der Mastschelle der Schüssel. Nun schwenkt man die Antenne noch einmal nach links und rechts und schon wird das gewünschte Signal empfangen.

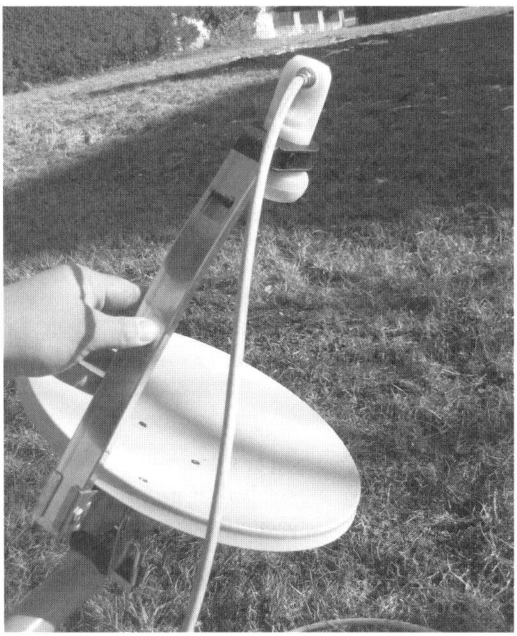

Bild 11.7 Wegen der ungewohnten Lage der Schüssel erscheint ihr Ausrichten auf den Satelliten etwas befremdend. Tatsächlich erfolgt es genau gleich wie bei traditioneller Montage.

Feineinstellung der Elevation

Zuletzt ist noch eine Feineinstellung der Elevation vorzunehmen. Da die Schüssel ja dank der dazwischengelegten Mutter am hinteren Ende etwas angehoben wurde, bewegen wir uns wieder im Einstellbereich der Antenne. Anstelle unserer Mutter können, je nach gefordertem Anheben der Schüssel, auch Unterlegscheiben, Metallplättchen oder ein Keil erforderlich sein. Wichtig ist nur, dass es sich um witterungsbeständiges Material handelt. Holzkeile sind ungeeignet, da sie mit zunehmender Austrocknung ihr Volumen verringern, womit die Schüssel ihre Position verändert.

Bild 11.8 Für maximalen Empfangspegel muss auch der LNB ausgerichtet werden.

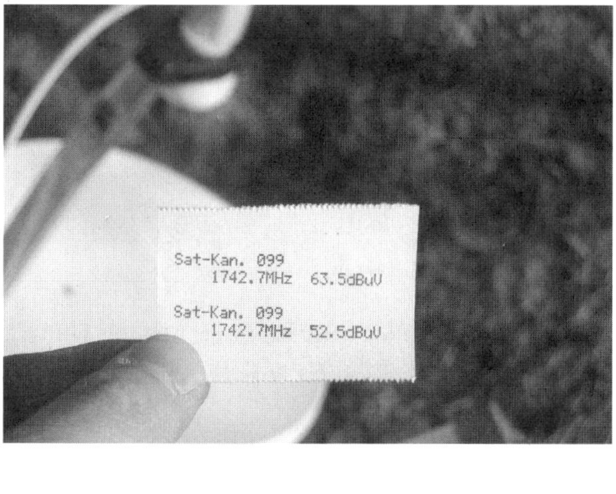

Bild 11.9 Nutzsignalpegel und Grundrauschen unserer »falsch« montierten 40-cm-Antenne zeigen, dass der Empfang ebenso gut wie bei herkömmlicher Installation ist.

Nachdem die ausgerichtete Antenne fest angeschraubt wurde, sollte die Signalstärke durch genaues Einrichten des LNBs optimiert werden. Dieser Arbeitsschritt empfiehlt sich für alle Arten der Antennenmontage und hat nichts mit unserer alternativen Installation zu tun.

11.2 Pro und Contra der Liegendmontage

Die liegende Montage hat einige Vorteile. Zu ihnen zählt vor allem, dass selbst größere Schüsseln, wie etwa eine 90-cm-Antenne, auf dem Balkon aufgebaut werden können, ohne dass sie von außen gesehen werden. Große Spiegel bieten vor allem ausreichende Schlechtwetterreserven. Dank der Schlechtwetterreserven großer Spiegel kann man mit ihnen unabhängig von der Montage selbst bei widrigsten Wetterbedingungen Sat-TV genießen. Mit Miniantennen ist dies dagegen keinesfalls gewährleistet. Interessiert man sich für weitere Satellitenpositionen, ist das ebenfalls kein Problem. 90er-Schüsseln liefern jedenfalls genügend Power, um neben dem deutschen Astra auf 19,2° Ost auch Hot Bird auf 13° Ost oder den neuen Eurobird auf 9° Ost zu bekommen. Dazu sind lediglich zusätzliche LNBs zu montieren.

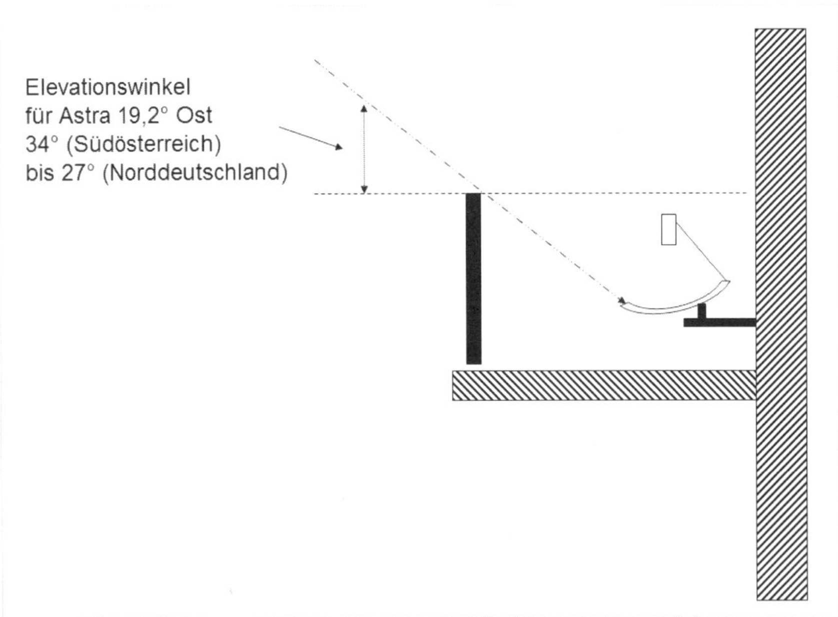

Bild 11.10 Die Grafik zeigt, wo die Schüssel waagerecht montiert werden kann, ohne dass ein Teil des Reflektors vom Balkongeländer abgedeckt wird.

Liegend installierte Sat-Antennen brauchen nach oben hin zwar wenig Platz, erfordern aber viel Fläche. Da kann es auf dem Balkon schon einmal etwas eng werden. Deshalb ist der ideale Montageort auch unter diesem Aspekt auszuwählen. Zu niedrig dürfen liegende Antennen übrigens nicht montiert werden. Befindet sich unmittelbar vor ihnen das Balkongeländer, versperrt dieses die freie Sicht zum Satelliten und unterbindet somit den Empfang.

Zur Bestimmung, wie tief die Antenne montiert werden kann, dient der Elevationswinkel am Empfangsort. Für Astra 19,2° Ost beträgt er etwa 34° im südlichen Österreich und bis zu rund 27° in Norddeutschland. Mit diesem Winkel kommen die Sat-Signale an und strahlen so in den Balkon hinein. Es sollte die gesamte Reflektorfläche »bestrahlt« werden, um maximale Signalpegel zu erreichen. Die gedachte Elevationslinie, die am oberen Rand des Balkongeländers anliegt, sollte auf die »südliche« Kante des Reflektors auftreffen. Daraus ergibt sich die geforderte Mindesthöhe am vorgesehenen Montageort.

12 Drehanlage mit nur 40 cm Durchmesser

Drehbare Sat-Antennen machen erst ab 80 cm Durchmesser Sinn. So ist jedenfalls die weit verbreitete Meinung. Damit scheidet sie für kleine, geheim montierte Anlagen von vorneherein aus. Tatsächlich jedoch lassen sich auch mit sehr kleinen Schüsseln drehbare Sat-Anlagen verwirklichen, etwa mit 40 cm Durchmesser. Im Vergleich zu 90-cm-Spiegeln bringen es solche Winzlinge jedoch nur auf sehr geringe Empfangsleistungen. Sie machen sich nicht nur bei den kaum vorhandenen Schlechtwetterreserven leistungsstarker Satelliten bemerkbar, sondern auch beim Empfang schwacher Transponder auf den verschiedenen Orbitpositionen. Da zudem nicht alle Satelliten mit gleich viel Power in unsere Region einstrahlen, reduzieren sich damit das verfügbare Programmangebot sowie die zu bekommenden Orbitpositionen. Dennoch wird man erstaunt sein, wie viel sich mit derart kleinen Anlagen ins Wohnzimmer holen lässt.

Für eine drehbare Minigeheimanlage braucht man nicht viel. Neben der kleinen 40-cm-Schüssel, einem möglichst rauscharmen LNB und dem Digitalreceiver braucht man nur einen DiSEqC-Motor. Da der kleine Spiegel nur wenig Gewicht auf die Waage bringt, genügt ein kleiner und preiswerter Motor. Auch seine Installation stellt keine große Herausforderung dar. Da Minispiegel einen sehr großen Öffnungswinkel besitzen, lassen sich bei ihnen DiSEqC-Drehanlagen überaus schnell ausrichten.

Bild 12.1 Antenne und DiSEqC-Motor müssen in einer Flucht montiert sein.

Bei der Montage ist grundsätzlich genauso vorzugehen, wie bei Drehanlagen mit größeren Antennen. Wichtig ist vor allem, dass Sie den Motor während der Installation in der 0°-Ausgangslage belassen. Nachdem er am Antennenmast oder der Wandhalterung montiert ist, wird auf sein drehbares Rohr die Schüssel so angeschraubt, dass sie in einer Flucht mit dem Motor ausgerichtet ist. Das lässt sich ganz gut an den Montageschellen des Motors und der Antennenschelle, die auf ihn angeschraubt ist, überprüfen. Beide müssen absolut parallel zueinander sein.

Die Elevationseinstellung wird am Motor vorgenommen und ist sehr einfach. Je nach Modell sind bis zu zwei Skalen angebracht. Eine ist mit Elevationsgraden, die zweite mit Breitengraden markiert. Ist die Elevation des am südlichsten gelegenen Satelliten nicht bekannt, können Sie auch die geografische Breite des Aufstellungsorts direkt einstellen. Sie lässt sich zum Beispiel aus jedem Schulatlas ermitteln.

Bild 12.2 Zur Empfangsoptimierung ist auch der LNB in die optimale Lage zu bringen.

An der Elevationseinstellung der Sat-Schüssel muss die sogenannte Deklination (Korrekturwinkel) eingestellt werden. Sie beträgt im deutschen Sprachraum rund 7°. Welcher Wert jedoch tatsächlich am Spiegel eingestellt werden muss, wird von der Konstruktion des Motors vorgegeben. Die ihm beiliegende Montageanleitung informiert über die genaue Vorgehensweise. DiSEqC-Motoren geben sozusagen einen Nullwinkel vor, von dem der Korrekturwinkel abzuziehen ist. Dieser Nullwinkel kann zum Beispiel 30° oder 40° betragen.

Welches der südlichste Satellit ist, hängt von der lokalen geografischen Position ab. Hamburg liegt zum Beispiel 10° östlicher Länge. Schaut der Hamburger exakt nach Süden, schaut er auf die Orbitposition 10° Ost, die mit einem Eutelsat-Satelliten belegt ist. Da der DiSEqC-Motor exakt nach Süden ausgerichtet sein muss, ist er mit der bereits angeschraubten Antenne an der Mastschelle soweit zu drehen, bis der Eutelsat auf 10° Ost mit maximalem Pegel empfangen wird.

Wohnt man »zwischen« zwei Satellitenpositionen, ist die Position anzupeilen, die dem Süden am nächsten liegt. Hat man deren Maximalpegel erreicht, dreht man den Motor mit einem kleinen Ruck nach links oder rechts, je nachdem, ob die lokale Südposition westlich oder östlich des angepeilten Satelliten liegt.

12.1 Minidrehanlagen in der Praxis

Zur Ermittlung der praktischen Tauglichkeit einer Minidrehanlage haben wir untersucht, wie viele Satelliten und Kanäle am Testort in Süddeutschland verfügbar sind. Für ein möglichst realistisches Resultat haben wir den Empfang bei bewölktem Himmel mit einem 0,2-dB-LNB untersucht. Dabei interessierte, wie gut sich die Anlage unter nicht optimalen Witterungsverhältnissen schlägt. Zwischen 68,5° Ost und 15° West, dem Sichtbereich am Testort, wurden insgesamt 31 Orbitpositionen überprüft. Immerhin auf 18 waren wir erfolgreich.

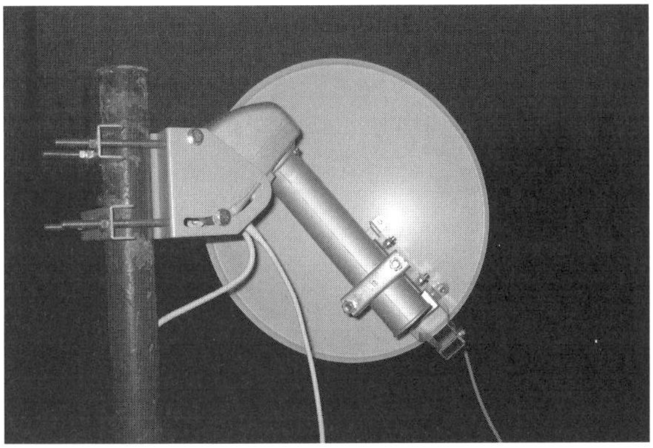

Bild 12.3 Die 40-cm-Antenne ist nur unwesentlich größer als unser DiSEqC-Motor.

Verschiedene Satelliten und Transponder strahlen im Vergleich zu Astra und Co nur mit relativ geringer Power in unsere Region ein. Bei üblichen Drehanlagen wirkt sich das nur ansatzweise auf einzelnen Positionen wie etwa 26° Ost oder 7° West aus, wo arabische beziehungsweise ägyptische Satelliten positioniert sind. Bei ihnen arbeiten 90er-Antennen bereits hart an der Grenze, bringen es aber immerhin noch auf bis zu mehrere Hundert Kanäle. Allerdings funktionieren nicht alle einwandfrei. Mit 40 cm kann man auf diese Satelliten gänzlich verzichten. Bei ihnen machen sich nicht einmal schwache Pegelausschläge bemerkbar, weshalb sie mit dem manuellen DiSEqC 1.2 erst gar nicht gefunden werden. Auch eine automatische USALS-Steuerung, die nach Eingabe der lokalen Koordinaten des Wohnorts in den Receiver von selbst alle Satelliten richtig ansteuert, hilft hier nicht weiter.

Ein ähnliches Bild zeigt sich auch auf 25,5° Ost, wo ein Eutelsat-Satellit gezielt für den arabischen Raum sendet. Hier verharrt die Digitalbox während des Sendersuchlaufs auf einigen Frequenzen etwas länger, was daraufhin deutet, dass zumindest schwache Restsignale erkannt, aber letztlich doch nicht ausgewertet werden konnten. Auf anderen Satellitenpositionen werden zumindest einzelne Transponder eingelesen. So etwa auf 68,5° Ost, wo wir immerhin 13 TV-Kanäle finden. Sie werden allerdings nicht einwandfrei gezeigt, sondern weisen allesamt zumindest leichte Klötzchenbildung auf. Sie lassen sich jedoch, zumindest von DXern, durchaus noch verschmerzen.

Auch auf anderen Satelliten erwartet uns nur eine magere Ausbeute. Wie etwa auf 4° West, wo von den rund 70 aufgeschalteten osteuropäischen Sendern nur 12 eingelesen werden. Vier davon sind wegen starker Empfangsmängel nicht zu gebrauchen. Mager zeigt sich auch 12,5° West, wo anstatt 49 nur vier Fernsehsender eingelesen werden. Sie funktionieren immerhin einwandfrei. Mit nur einem gefundenen Sender von rund 43 möglichen präsentiert sich 15° West. Somit zeigt sich, dass der Empfangbarkeit einzelner Positionen sehr enge Grenzen gesetzt sein können.

Bild 12.4 Auf 15° West findet sich nur ein einziger Transponder, bei dem mit 40 cm an Empfang zu denken ist.

Bild 12.5 Entsprechend mager fällt auch die Programmauswahl auf dieser Position aus.

Erwartet man von einer drehbaren Minischüssel annähernd die gleichen Resultate wie von 90er-Spiegeln, wird man wahrscheinlich enttäuscht sein, da viele der, mit der großen Schüssel einwandfrei zu bekommenden Stationen mit kleinen Spiegeln überhaupt nicht zu sehen sein müssen. Unter nicht optimalen Empfangsvoraussetzungen, so wie sie während unseres Tests vorherrschten, mussten wir zudem auf einige Satelliten gänzlich verzichten, von denen wir das nicht erwartet hätten. Zu ihnen zählen etwa 21,6° Ost, 10° Ost oder 8° West. Aber zumindest bei wolkenlosem Himmel können hier einige Sender empfangen werden.

Mit der drehbaren 40-cm-Schüssel sind auf zahlreichen Satelliten aber auch unerwartete Erfolge zu verzeichnen, wie etwa auf der türkischen Position 42° Ost, wo immerhin 99 TV-Sender eingelesen wurden, die auch alle funktionierten.

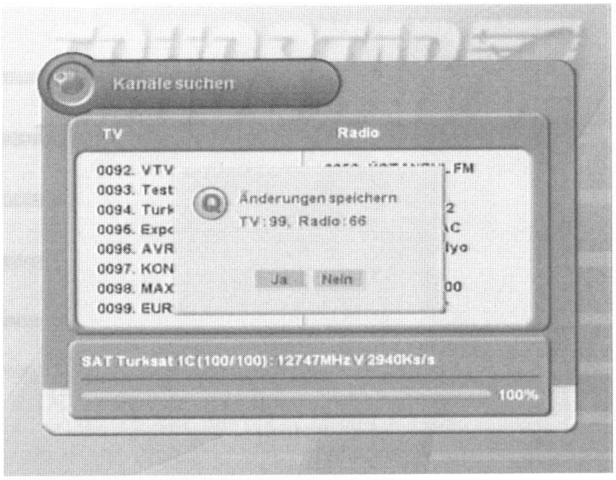

Bild 12.6 Wie der automatische Sendersuchlauf belegt, ist die kleine Drehantenne auf Türksat durchaus erfolgreich.

Hervorzuheben ist auch die britische Astra-Position auf 28,2° Ost mit 315 gefundenen TV-Stationen. Vergleicht man das Resultat mit der 45-cm-Multifeed-Antenne eines bekannten deutschen Herstellers, liegt hier die etwas kleinere Drehanlage eindeutig vorn. Da sie die Satelliten direkt anpeilt, profitiert sie von der maximalen empfangbaren Signalstärke, während beim schielenden Empfang der Multifocus-Schüssel ein beträchtlicher Teil der Nutzsignalstärke verloren geht.

Überzeugende Resultate erreichen wir mit unserer Testanlage auch auf der deutschen Astra-Position auf 19,2° Ost mit 716 eingelesenen Stationen mit durchweg ausreichendem Signalpegel. Bei genauerer Betrachtung der Senderliste stellen wir jedoch das Fehlen einiger Programme fest. Eine Transponder-spezifische Signalstärkekontrolle ergibt, dass bei einigen Transpondern der Pegel tatsächlich kaum vorhanden ist und so die auf ihnen aufgeschalteten Sender durchs Raster fielen.

Damit zeigen sich auf 19,2° Ost eindrucksvoll die unterschiedlichen Empfangsbedingungen der hier positionierten Satelliten, wobei sich die geringfügig unterschiedlichen Transponder-Sendeleistungen und Ausleuchtzonen bemerkbar machen. Nicht umsonst empfiehlt der Satellitenbetreiber einen Mindestdurchmesser von rund 60 cm. Er gewährleistet ausreichend gute Empfangsleistungen für alle, über diese Position ins Zielgebiet ausgestrahlten Sender.

Sehr gute Empfangsresultate erwarten uns auch auf Hot Bird, wo immerhin 1.061 Fernsehprogramme gefunden werden. Aber auch die skandinavischen Satelliten Sirius und Thor sorgen mit 293, beziehungsweise 196 Kanälen für starke Präsenz.

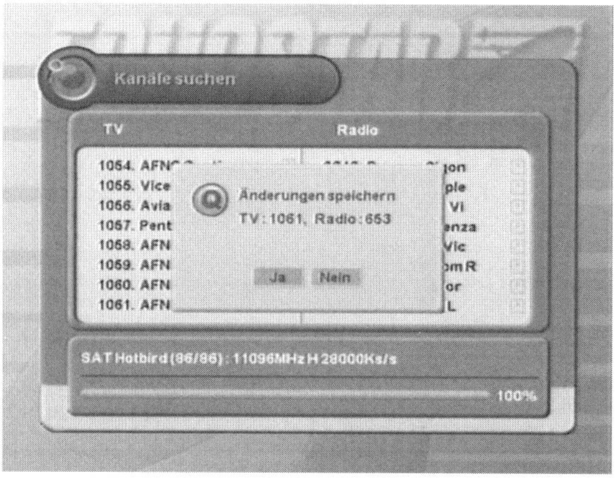

Bild 12.7 Auf Hot Bird, 13° Ost werden 1.061 TV-Kanäle eingelesen.

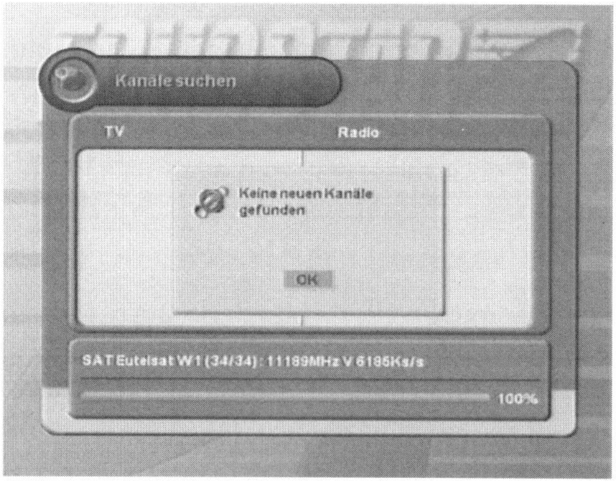

Bild 12.8 Auf den benachbarten Eutelsats auf 16° Ost und, wie hier im Bild, auf 10° Ost wird hingegen kein einziger Kanal gefunden.

Insgesamt kann sich das Ergebnis mit dem kleinen 40er-Spiegel sehen lassen. Mit 3.081 gefundenen TV- und 1.694 Radiosendern auf immerhin 18 Positionen haben wir bereits das Speichervermögen vieler Digitalboxen gesprengt. Hätten wir unseren Test bei Schönwetter vorgenommen, wäre das Resultat noch besser ausgefallen. Es sollen aber auch die westlichen Satelliten, die von unserem Standort aus nicht mehr erreicht wurden, Berücksichtigung finden. Alleine der spanische Direktstrahlsatellit Hispasat auf 30° West wäre auch mit kleinsten Antennen möglich, womit sich die Zahl der empfangbaren Sender noch einmal spürbar erhöhen würde.

Übersicht über empfangene Satellitenpositionen mit einer drehbaren 40-cm-Antenne.

Satellitenposition	empfangene TV-Sender	davon gestört (nur FTA-Sender überprüft)	empfangene Radiosender
68,5° Ost	13	13	1
62° Ost	2	-	-
57° Ost	kein Empfang	-	-
53° Ost	kein Empfang	-	-
45° Ost	13	-	2
42° Ost	99	-	66
40° Ost	1	-	1
39° Ost	70	-	33
36° Ost	kein Empfang	-	-
33° Ost	4	-	-
28,2° Ost	315	-	112
26° Ost	kein Empfang	-	-
25,5° Ost	kein Empfang	-	-
23,5° Ost	119	-	114
21,6° Ost	kein Empfang	-	-
19,2° Ost	716	-	335
16° Ost	kein Empfang	-	-
13° Ost	1061	-	653
10° Ost	kein Empfang	-	-
9° Ost	kein Empfang	-	-
7° Ost	126	2	150
4,8° Ost	293	6	102
1° West	196	5	71

Satellitenposition	empfangene TV-Sender	davon gestört (nur FTA-Sender überprüft)	empfangene Radiosender
4° West	12	-	4
5° West	36	2	51
7° West	kein Empfang	-	-
8° West	kein Empfang	-	-
11° West	kein Empfang	-	-
12,5° West	4	-	3
14° West	kein Empfang	-	-
15° West	1	-	-

Das Equipment ist entscheidend

Während unserer Tests konnten wir auch erleben, wie wichtig etwa das korrekte Ausrichten des LNBs im Brennpunkt der Antenne ist. Er lässt sich in der LNB-Schelle um einige Millimeter vor- oder zurückschieben und natürlich drehen. Bereits ein Verdrehen um rund 5° aus der Ideallage führte bei unseren Tests zum Verlust von vier Satellitenpositionen und rund 230 TV-Sendern. Selbst auf den gefundenen Satelliten wurden weniger Kanäle eingelesen, von denen auch mehrere Grund für Beanstandung lieferten.

Wie viele Sender mit einer kleinen Drehanlage empfangen werden, wird neben der exakten Einstellung der Drehanlage auch von der Qualität der verwendeten Komponenten beeinflusst. Da Miniaturschüsseln nur sehr wenig Energie der Satelliten auffangen, sollte versucht werden, diesen Mangel durch den Einsatz hochwertiger Elektronik so weit wie möglich auszugleichen. Hier zeigt sich, dass vor allem der Griff zu solider Markenware lohnt.

Zuletzt entscheidet auch der Receiver darüber, wie viele Sender einwandfrei zu sehen sind. Nicht alle haben gleichsam empfindliche Tuner eingebaut. Besonders empfangsstarke Geräte zeigen etwa Programme, die mit anderen Digitalboxen nur mit Klötzchenbildung zu sehen sind, häufig einwandfrei. Im gleichen Zug finden sie bei exotischen Orbitpositionen durchaus auch mehrere Stationen. Zu analogen Sat-TV-Zeiten wurden spezielle Receiver für Extremempfang für sehr viel Geld angeboten. Mit diesen Boxen konnte man manchen Sender in akzeptabler Qualität sehen, von denen mit normalen Geräten kaum noch nicht verwertbare Restsignale zu erkennen waren. In der digitalen Ära gibt es solche speziellen DX-Boxen nicht mehr. Es bleibt demnach dem Zufall überlassen, ob ein Modell besonders hellhörig ist oder nicht.

INFO!

Vorsicht bei Billig-LNBs

Immer wieder werden Billig-LNBs mit fantastischen Rauschzahlen von rund 0,1 dB für wenige Euro angepriesen. Ihre Empfangsleistungen erfüllen aber nicht annähernd die in sie gesetzten Erwartungen. Sie können durchaus von älteren LNBs bekannter Markenhersteller geschlagen werden. Dabei ist es unerheblich, ob dieser eine höhere Rauschzahl von zum Beispiel 0,3 dB hat. Minderwertige LNB benötigen relativ hohe Signalpegel, um einwandfreien Empfang zu gewährleisten. Da aber gerade dieser bei kleinen Spiegeln oft Mangelware ist, würde das zu einer markanten Verringerung der empfangbaren Kanäle und Satelliten führen.

Gute Chancen für empfangsstarke Receiver hat man auch hier bei bekannten Marken ab der preislichen Mittelklasse. Allerdings kann man auch bei einfachen Geräten fündig werden. Hat man mehrere Digitalreceiver unterschiedlicher Marken und/oder Modelle zu Hause, kann man selbst ausprobieren, welcher davon der leistungsstärkere ist.

Sendersuche vorzugsweise nachts

Wie gut der Empfang gelingt, wird auch von der Tageszeit bestimmt. Je wärmer es ist, umso weniger Sender sind empfangbar. Mit zunehmender Abkühlung, also nachts, arbeitet die Empfangselektronik des LNBs jedoch besser, wodurch auch der Empfang stabiler wird. Möchte man besonders viele Stationen und Satelliten mit einer kleinen Drehanlage eingelesen bekommen, empfiehlt sich, die Sendersuche zu fortgeschrittener nächtlicher Stunde vorzunehmen. Davon profitiert man auch mit größeren Spiegeln. Nachts können wir am Testort etwa auf 7° West über 100 Sender mehr empfangen als am Tag. Das heißt natürlich auch, dass es vor allem bei den schwächsten Transpondern zu enormen Empfangsschwankungen kommen kann. Während sie beispielsweise zur Mittagszeit überhaupt nicht funktionieren, kann nach Einbruch der Dunkelheit durchaus einwandfreier Empfang möglich sein.

Bild 12.9 Bei Tag werden mit unserer 40-cm-Drehanlage bei schlechten Witterungsverhältnissen 3.080 TV-Sender eingelesen. Nachts oder bei Schönwetter sind es noch mehr.

12.2 Satellitensuche mit DiSEqC 1.2

Bei ausreichend großen Sat-Antennen ist das Einrichten neuer Satellitenpositionen keine besondere Herausforderung. So kann man beispielsweise bei einer 90-cm-Schüssel bis auf wenige Ausnahmen davon ausgehen, dass von allen erreichbaren Satellitenpositionen alle dort aufgeschalteten Transponder zumindest mit so starkem Pegel empfangen werden, dass ihre Werte für Signalstärke und -Qualität zum Finden und optimalem Einstellen der Position herangezogen werden können. Damit lassen sich neu zu programmierende Satelliten auch ohne große Schwierigkeiten mit dem manuellen DiSEqC 1.2 finden. Bei DiSEqC 1.2 muss zuerst im Satellitensuch-Menü des Receivers ein aktiver Transponder des zu suchenden Satelliten eingestellt werden. Während man die Schüssel manuell per Fernbedienung dreht, sollte der Pegelausschlag von Signalstärke und -Qualität beobachtet werden. Kommt es zu einem Ausschlag, ist der Satellit gefunden. Dann braucht man nur noch den Spiegel per Feineinstellung auf Maximalpegel auszurichten und die so ermittelte Position zu speichern.

Was aber, wenn der eingestellte Transponder mit zu schwachem Pegel sendet und so von der kleinen 40er-Antenne gar nicht erkannt wird? Ohne Signalausschlag kann der Satellit nicht gefunden werden. Auf 15° West konnten wir mit unserer Testanlage nur einen einzigen von 12 Transpondern empfangen, auf denen regelmäßig TV-Programme ausgestrahlt werden. Da man von vornherein nicht weiß, welcher Transponder Erfolg versprechend ist, müssen alle der Reihe nach ausprobiert werden. Hat man Pech, wird man erst mit der letzten Einstellung fündig.

Vor allem bei sehr heiklen Orbitpositionen, wie 26° Ost, kann die Suche nach einem einzigen Satelliten in stundenlange, zermürbende Arbeit ausarten. Im Falle 26° Ost hätten wir versuchen müssen, die Position durch Ausprobieren von immerhin 28 Transpondern zu finden. Nur um letztlich festzustellen, dass kein Empfang möglich ist.

DiSEqC-Motoren mit USALS steuern

Da bei drehbaren Kleinstspiegeln bei vielen Satellitenpositionen nicht klar ist, ob oder wie gut sie überhaupt zu bekommen sind, ist DiSEqC 1.2 zur Steuerung des DiSEqC-Motors abzulehnen. Hier ist USALS, ein weiteres Protokoll, das üblicherweise von DiSEqC-Motoren und den meisten modernen Digitalboxen verstanden wird, eindeutig im Vorteil. USALS erfordert lediglich die genaue Eingabe der geografischen Koordinaten des Wohnorts. Aus ihnen und den Orbitpositionen der Satelliten errechnet der Receiver, wohin er den Motor zu drehen hat.

Da die Position ausschließlich rechnerisch ermittelt wird, ist kein empfangbarer Transponder zum Finden der gewünschten Position erforderlich. Nachdem die Schüssel per USALS auf den Satelliten ausgerichtet wurde, wird einfach der Sendersuchlauf gestartet. Er bringt zutage, wie viele Sender tatsächlich empfangbar sind. Bei zu schwachem Signalpegel bleibt die Senderliste leer, wodurch man sehr schnell weiß, ob ein Satellit empfangbar ist oder nicht. Einzige Voraussetzung für die erfolgreiche Satellitensuche ist, dass die im Receiver einprogrammierten Transponderdaten auf dem letzten Stand sind.

Index

Numerisch

A

B

C

D

DIETER SCHULZ
HIER STEHT, WAS IM HANDBUCH NICHT STEHT ...
DAS INOFFIZIELLE SAT-RECEIVER BUCH
0001
INSTALLATION · TUNING · TIPPS & TRICKS
SOFTWARE-ERWEITERUNGEN
FESTPLATTENTAUSCH
BILDQUALITÄT VERBESSERN
FRANZIS

DIETER SCHULZ
DAS INOFFIZIELLE
PAY-TV BUCH
EMPFANG VERSCHLÜSSELTER TV-PROGRAMME
SMARTCARDS UND PROGRAMMIERGERÄTE
WERTVOLLE DATEN UND FAKTEN ZU DEN
WICHTIGSTEN DECODIERMODULEN
FRANZIS